本书受到国家自然科学基金面上项目"西北地区农户现代灌溉技术采用研究：社会网络、学习效应与采用效率"（项目编号：71473197）和"集体行动对农户水土保持关联技术采用行为影响机制研究——以黄土高原区为例"（项目编号：71673223）的资助。

中国"三农"问题前沿丛书

社会网络嵌入下的农户节水灌溉技术采用

INFLUENCE OF SOCIAL NETWORKS
ON FARMERS' WATER-SAVING IRRIGATION
TECHNOLOGY ADOPTION

王格玲　陆　迁　著

社会科学文献出版社
SOCIAL SCIENCES ACADEMIC PRESS (CHINA)

目 录
CONTENTS

第一章

导 论

一 研究背景

水资源短缺、农业用水浪费严重已经成为制约国民经济可持续发展的突出矛盾。中国农田灌溉面积居世界首位，农业灌溉用水量占全国总用水量的 70% 多，有些地区甚至达到 80% ~ 90% 之多。中国是人口大国，水资源优势越来越不明显，人均水资源占有量只有 2100 立方米，为世界人均水平的 28%。随着中国社会经济的不断发展与进步，水资源供需矛盾日益突出。此外，相比于西方发达国家，中国水资源利用方式粗放，据调查，中国农田水利水资源利用率仅为 50% 左右，与世界先进水平的 80% 有较大差距。① 因此，减少水资源浪费、提高水资源利用率是保证居民用水安全和国家粮食生产安全的有效途径。实践证明，节水灌溉技术（包括滴灌、渗灌、微

---

① 资料来源：http://baike.baidu.com/link?url = 5LvZf9vnUh9AqVmTvN0lq _ XQ2 Jy1tnI2I99yTc4Qi4yJktSOfNvp722gDw1WOVGiF6IkkfsHqiwfpYCowCeSh_。

灌、喷灌和低压管灌等）具有减少水资源浪费、降低干旱风险、促进农业变革的作用（Koundouri et al.，2006）。推广节水灌溉技术，提高水资源利用效率，对于中国农业向高科技转型具有重要战略意义。国务院颁布的《国家农业节水纲要（2012—2020年）》明确提出，到2020年实现高效用水技术覆盖率达到50%。然而现实中，具有优势的节水灌溉技术并未得到农户的广泛认可（王金霞、黄季焜等，2009；BenYishay and Mobarak，2013），节水灌溉技术采用率偏低，甚至出现了某些地方采用率降低的现象（周玉玺等，2014）。《中国农业年鉴》（2000～2010年）显示滴灌和微灌技术采用率从2000年的13%降至2009年的11.4%。如何激励农户采用节水灌溉技术、提高农户节水灌溉技术采用率是有关农业技术推广与扩散理论和实践研究的迫切问题。

目前，中国农业技术扩散主要依靠政府推广服务。尽管政府花费巨大人力、物力、财力推广节水灌溉技术，然而现实中，农业技术推广依然存在诸多问题：一方面，技术推广服务体系计划经济特征明显、转型滞后，难以适应市场经济下农户多样化技术需求（常向阳、赵明，2004），并且经费主要来源于政府，饱受地方财政困境制约（常向阳、赵明，2004）；另一方面，农业技术推广组织职能不明、推广效率低下，推广人员队伍不稳定、人才流失严重，推广人员素质参差不齐、培训服务难以到位（罗金玲、钟艳红，2013）。这些因素直接导致节水灌溉技术扩散缓慢、农户技术采用率低的问题，严重制约中国用水安全、粮食安全以及农业科技转型。数据显示，中国每年大约有7000项农业技术问世，转化为现实生产力的仅有30%～40%，而形成产业化的不足20%（葛会波，2011）。据测算，技术进步因素对中国农业经济发展贡献率仅有45%，远低于发达国家水平（发达国家农业技术进步贡献率为70% ~ 85%）（姚华锋、常向阳，2004）。

农户是农业生产的主体，也是节水灌溉技术采用的主体。基于农户技术采用行为，解析技术采用率低下的形成机理，提炼出激励性因子，赋予政策含义，是节水灌溉技术采用微观激励机制建立的逻辑所在。本质上讲，农户技术采用是动态学习过程（Genius et al.，2014），农户通过"干中学"（learning by doing）和社会学习（learning from others）逐步修正自己对技术的评价，做出采用决策。社会网络具有较短的传播路径和较快的传播速率（Watts and Strogatz，1998），在技术信息传播中扮演着重要角色。因而在现实中，农户的技术采用决策多依赖于其社会网络内的信息互动，尤其是在"差序格局"下的我国北方地区，典型的亲缘、地缘、业缘关系使得以亲疏差序原则为行为取向的社会网络关系更为明显。而社会网络所具有的信息共享、风险降低、弥补正式组织制度缺陷的功能（Fukuyama，2000）恰好解决了农户的技术需求显化问题，成为农业技术采用的又一主要渠道，在现代农业生产中为农户获取技术信息发挥着不可或缺的作用。此外，农户社会网络间的信息交流还可弥补其对政府推广的陌生感及不信任感，因为社会网络更加强调行为主体依靠自身需求、利用社会网络进行技术信息交流及与外部互动，而政府推广则重在以政府为主体强制干预农户技术采用行为，相比之下具有政府推广服务不可比拟的优势。因此，研究社会网络对农户节水灌溉技术采用的影响具有重要意义。但目前在中国农业技术采用的研究中，社会网络的作用还没有得到足够重视。

在此现实背景下，本书利用农户调查数据，从社会网络视角出发，探讨社会网络在农户节水灌溉技术采用过程中的影响关系、影响路径，以及其与政府推广服务对农户节水灌溉技术采用的交互影响，重点回答以下关键问题：社会网络如何对农户节水灌溉技术采用产生影响？社会网络与农户节水灌溉技术采用存在何种影响关系？社会网络影响农户节水灌溉技术采用的路径如何？社会网络又是如何与政府推广服务交互作用共同影响农户节水灌溉技术采用的？这些问题的回答，对于拓展农业技术推广服务路径，解决农户技术需求反应弱的问题，提高农户节水灌溉技术采用效率，具有重要理论意义与现实意义。

二　研究目的与意义

（一）研究目的

推广节水灌溉技术、提高农户技术采用率对于保障农业生产和粮食生产安全、优化农业产业结构具有重要意义。然而政府推广作用不明显、节水灌溉技术扩散缓慢、技术转换率低是制约中国农业发展和农业科技转型的瓶颈。社会网络在农户节水灌溉技术采用中扮演着重要角色，如何利用社会网络的熟人社会效应提高农户节水灌溉技术采用成为改善这一状况的有效手段。探索社会网络影响农户技术采用的机理，分析社会网络影响农户节水灌溉技术采用的影响关系，剖析社会网络影响农户节水灌溉技术采用的影响路径，探寻社会网络与政府推广服务如何交互影响共同作用于农户节水灌溉技术采用行为，是本书研究的重点目标。具体来讲，本书目标主要体现在以下几点。

（1）通过对社会网络的内涵、特征、结构的学习，构建社会网络评价指标，找出合适的社会网络度量方法，从农户节水灌溉技术采用现状出发，探索社会网络对农户节水灌溉技术采用的影响机理。

（2）通过理论分析社会网络对农户节水灌溉技术采用的影响关系，构建恰当模型剖析社会网络影响农户节水灌溉技术采用的影响关系，实证检验社会网络与农户节水灌溉技术采用间的倒 U 型关系。

（3）通过理论分析社会网络影响农户节水灌溉技术采用的路径，提出社会网络可通过直接和间接两种路径对农户节水灌溉技术采用决策产生影响的假设，选取适当模型实证检验社会网络对农户节水灌溉技术采用是否存在中介效应，并分解社会网络的中介效应。

（4）通过对社会网络与政府推广服务如何交互作用于农户节水灌溉技术采用这一问题的研究，回答社会网络与政府推广服务两者在共同推进农户节水灌溉技术采用时的关系，分析社会网络与政府推广服务交互作用下的农户节水灌溉技术采用行为。

（二）研究意义

农户节水灌溉技术扩散缓慢、技术采用率低是制约中国粮食生产安全和影响农业变革的瓶颈。推广节水灌溉技术对农业科技转型具有战略意义。社会网络在农户节水灌溉技术采用中扮演着重要角色，社会网络的信息传播、风险降低功能对于农业新技术的采用具有至关重要的作用，从社会网络视角出发，分析农户节水灌溉技术采用率低下的原因，探索社会网络影响农户节水灌溉技术采用行为的机理，分析社会网络对农户节水灌溉技术采用行为的影响关系、影响路径以及其与政府推广服务交互作用影响农户节水灌溉技术采用行为具有理论和实践意义。

（1）理论意义如下。

①对于社会网络内涵、特征及度量方法的研究可丰富和完善社会网络理论，为社会网络在经济学中的应用做出补充。

②从理论上阐明社会网络影响农户节水灌溉技术采用的影响关系和影响路径，以及社会网络与政府推广服务对农户节水灌溉技术采用交互影响的作用机理，可丰富有关农户农业技术采用行为的理论。

（2）实践意义如下。

①通过社会网络对农户节水灌溉技术采用影响关系的研究，分析不同采用阶段农户社会网络对节水灌溉技术采用的影响规律，为政府提供社会网络发展空间、促进农户间相互交流、提高农户节水灌溉技术采用率提供决策参考。

②通过社会网络对农户节水灌溉技术采用影响路径的研究，可分析社会网络通过影响中介变量对农户节水灌溉技术采用的影响规律，为政府探索社会网络通过一些间接路径影响并诱导农户节水灌溉技术采用提供可行思路。

③通过对农户社会网络和政府推广服务在农户节水灌溉技术采用行为中的交互影响研究，探讨正式组织与非正式组织在农户节水灌溉技术采用中的互动关系，可以扩展农业技术推广服务路径，为节水灌溉技术推广制度创新提供理论和实证依据。

三 研究综述

（一）社会网络

社会网络最初是在 20 世纪三四十年代作为社会学的重要概念提出的，1922 年德国社会学家 Simmel 首先提出了"网络"的概念，"社会网络"一词则是 1940 年由英国人类学者 Radcliffe Brown 首次使用，Elizabeth Bott 于 1957 年出版的《家庭与社会网络：城市百姓人家中的角色、规范、外界联系》被认为是研究社会网络的经典之作，直到 60 年代以后，社会网络的研究才被相关领域所认同并推广（马丁·奇达夫、蔡文斌，2007）。国内外研究社会网络形成了几个主要的理论模式，包括网络结构论、嵌入性理论、社会资源论等，以及费孝通（1948）的"差序格局"、黄国光（1985）的"人情面子"等。Granovetter（1973，1982，1985）将关系划分为强关系和弱关系，强关系路径较短、行动者间相互信任高度互动、所传递信息深入，而弱关系范围较广、信息量大、易产生创新；Krackhardt（1992）在此基础上发展了该观点，他认为强关系传递影响力和信任有利于组织变迁。Burt（1992）提出"结构空洞"概念，认为对信息传递影响的是网络整体而非网络中的关系。Lin（1999，2001）从网络结构出发，认为网络成员社会地位、个人社会网络的不同构成、个人与网络其他成员的密切程度对个体社会资源的数量和质量具有至关重要的作用。费孝通（1948）的"差序格局"理论认为中国是由无数私人关系网络组成的差序社会，并将此形象地比喻为以个人为中心的蜘蛛网，社会网络的形成过程就像是将石子投入水中引起的涟漪反应。通过研究中国社会交往的特点，黄光国（1985）发现中国人通过"人情""面子""关系"影响日常生活中的行为，形成了"人情与面子"理论。金耀基（1992，1993）指出，中国市场目前尚不完善，关系在帮助人们实现某些正常途径无法实现的目标时扮演了重要的工具性角色。而西方社会网络则建立在市场经济体制基础上，其应用也要建立在不抵触现存制度、不损坏全社会利益的基础上（Hwang，1987）。

社会网络在经济学、管理学中的应用是在 20 世纪 90 年代以后，包括社会网络对资源整合的影响（Wiklund and Shepherd，2009；Wang and Zajac，2007；李正风、张成岗，2005；沈宗庆、刘西林，2007；江蕾、蔡云、陈鸿鹰，2011；陈莉平、万迪昉，2006；刘苹、蔡鹏、蒋斌，2010）、对技术创新的影响（Ahuja，2000；Berg Pekka，2006；李庆东，2006；于全辉，2006；钱瑜，2008；王贤梅、胡汉辉，2009）等。尤其在近年来信息技术背景下，在线社会网络应用也应运而生，包括社交网站、博客、微博等（张宇，2009；马延妮、郭宇春，2009；Eeverted，2010；Kumar et al.，2006；胡海波，2010）。

（二）农户技术采用

有关农业高新技术采用的研究起源于 20 世纪初，国内外学者从静态（Rogers，1962；Lee and Stewand，1983；Doss，2006）到动态（Leggesse et al.，2004；Abdulai and Huffman，2005；Price et al.，2005）、从定性（杨大春，1990；黄季焜，1994；查世煜，1994；汤锦如，1995；孔祥智，2004）到定量（韩青、谭向勇，2004；王济文，1995；朱希刚、赵绪福，

1995；奉公等，2005）等角度，对农户技术采用行为做了深入研究，现已积累了丰富的理论经验。Rogers（1962）定义了技术采用过程是"个体从第一次听说到最终采用一项技术创新的一系列心理过程"。影响农户技术采用行为的因素可大致分为家庭及个体特征、外部环境特征和所采用技术的特征三个方面。实证研究表明，性别、年龄、收入、耕地禀赋、土地规模、机会成本、风险和不确定性、人力资本、劳动力的可使用性、种植制度等影响农户技术采用行为（Feder et al.，1985；Rogers，1962；曹建民等，2005；方松海、孔祥智，2005；张兵、周彬，2006；唐博文等，2010；Yamamura，2012；李想、穆月英，2013）。技术采用行为会因采用技术的类型而有所差异，进而影响农户技术采用率（戴思锐，2005）。农户节水灌溉技术因具有较强的系统性和复杂性，表现出强个体行为（韩菁、谭向勇，2004）。除了影响技术采用共性因素外，水价、用水制度、初始资产、信贷约束、灌溉设备成本等因素也影响农户节水灌溉技术的采纳行为（Wang et al.，2008；Koundour et al.，2006）。有些学者持另一种观点，认为将农户技术采用看作一次性采用过程，即采用或不采用，这种假设与事实并不符（Besley and Case，1993；Conley and Udry，2010）。现实中农户技术采用可能表现为一个连续的或"逐步的"过程。"绿色革命"高产品种的采用和转基因种子的采用表明，农民并不是一次性地将全部土地都种植新品种，而是采取循序渐进过渡模式，首先部分采用，然后逐步调整采用决策。Barham 等（2004）解释了驱动农户采用这种渐进式模式的原因，认为农业技术采用追求期望收益最大化，而未来充满着风险和不确定性，这要求农户通过风险管理、学习行为以及投资调整来降低收益的不确定性。由静态分析向动态分析转变是未来技术采用研究的方向。

（三）社会网络与农户技术采用

农户交流和获取信息渠道有限，大部分农户处于不完全信息环境状态，通过社交网络交流和学习过程，可以有效地获取信息，改进农户知识积累，提高技术利用效率。社会网络具有高密集度和较短的传播路径，能够提高技术扩散速率（Watts and Strogatz，1998），且社会网络中人际关系结构对技术扩散的速率分布有重要影响（曾明彬、周超文，2010），因而在农业技术采用过程中发挥显著作用。但社会网络规模与农业技术采用率之间的关系尚未形成一致看法，通常认为一个更大的网络可能表明更多的信息交流，获得更多的技术信息（Fafchamps and Lund，2000；韩菁，1995；付少平，2004），因此，可能会鼓励采用。然而，一个更大的网络也可能意味着从个人经验获得信息的成本是昂贵的，信息外部性存在使得农民可以依靠"搭便车"来获得网络中其他成员的经验，因此，鼓励推迟采用新技术（Behrman et al.，2001）。当前，社会网络结构尚未纳入农业技术采用过程影响的研究中。

（四）政府推广与社会网络

在现代农业生产中，政府推广服务在农业技术采用中发挥着主渠道的作用（朱希刚、赵绪福，1995）。但一直以来，我国政府技术推广服务难以适应市场经济条件下农户多样化的技术需求，导致了农业技术的有效供给和需求不足的矛盾（凌远云、郭犹焕，1997）。以需求为中心的农户技术采用行为研究开始受到国内学界的重视（黄季焜等，1999；王玄文、胡瑞法，2003；吴敬学等，2008；卫龙宝等，2013；高强、孔祥智，2013）。Goyal 和 Netessine（2007）认为，通过建立"示范户"的方式，依赖一个核心成员传播信息，能够减少对技术采用的不确定性或促进局部创新。但是，政府推广服务和社会网络在技术采用中存在何种关系目前尚不能确定。Duflo 等（2011）发现，当通过政府机构进行技术推广时，社会学习的证据不足；而 Genius 等（2014）通过农业灌溉技术采用的实证研究得出，推广服务和社会学习是技术采用和推广的强决定因素，而两种信息渠道的有效性因对方的存在而增强。

（五）文献述评

国内外研究注重理论与实践结合，从静态到动态、从定性到定量地分析了社会网络和农户技术采用行为，取得了丰硕的成果，对本书具有重要启发和借鉴意义。然而社会网络在农户技术采用过程中的信息传递功能未能受到足够重视，社会网络对农户技术采用决策的影响关系尚不清楚，社会网络影响农户技术采用的路径有待进一步验证，社会网络如何与政府推广服务交互影响作用于农户技术采用行为也有待深入研究，尤其是有关社会网络影响农户节水灌溉技术采用的研究相对薄弱（王金霞等，2009；王克强等，2006），关于农户节水灌溉技术采用的社会网络效应缺乏系统和细致的实证研究。基于此，本书从社会网络视角出发，探索农户节水灌溉技术采用的社会网络效应，以期为我国农户节水灌溉技术推广提供制度创新思路和实证支持。

四　研究思路、内容与方法

（一）研究思路

本书以社会网络为研究视角，按照社会网络影响农户节水灌溉技术采用的影响关系—影响路径—交互影响这条逻辑主线展开，研究了农户节水灌溉技术采用的社会网络效应。第一，从社会网络研究入手，梳理和学习相关文献资料，从理论上找出社会网络影响农户节水灌溉技术采用的内在机理所在。第二，在现有文献基础上界定社会网络的内涵及结构，将社会网络划分为网络学习、网络互动、网络互惠和网络信任四个维度并形成社会网络的指标体系，利用因子分析法测算社会网络及四维度指标值。第三，通过分位数回归模型考察社会网络影响农户节水灌溉技术采用的关系如何，探讨节水灌溉技术采用不同阶段，社会网络对农户技术采用的影响趋势变化情况。第四，通过理论分析社会网络影响农户技术采用的直接路径和间接路径，找出社会网络影响农户节水灌溉技术采用的中介变量，利用 KHB 模型分解社会网络的中介效应。第五，利用 SFA 模型测算农户节水灌溉技术采用效率，并利用 Tobit 模型讨论社会网络和政府推广服务如何交互影响农户节水灌溉技术采用行为，探讨社会网络在弥补正式组织（推广服务）缺陷时的重要作用。第六，在以上分析的基础上得出本研究结论，并根据所得结论提出促进节水灌溉技术扩散、提高农户技术采用率的思路和政策主张。具体的技术路线见图 1 - 1。

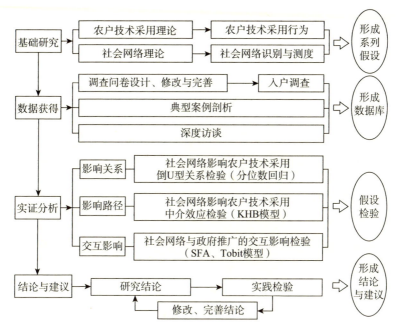

图 1 - 1　研究技术路线

（二）研究内容

依照研究思路，围绕研究目标，本书主要内容如下：共分为九章内容和一个结语部分，其中第一章为导论，第二章为理论基础，第三章为社会网络识别、测算和特征，第四章为农户节水灌溉技术采用现状及问题分析，第五、六、七、八章为本书实证分析部分，主要围绕社会网络影响农户节水灌溉技术采用的影响关系、影响路径、交互影响展开，第九章是结论与建议，最后是结语。

第一章，导论。从现实背景出发，提出本书的主要问题，明确本书的目的及意义，在综述国内外有关文献的基础上，找出本书视角及立足点，然后具体给出本书的思路、内容及研究方法，最后指出本书的创新之处。

第二章，理论基础。首先界定书中涉及概念，然后学习和梳理农户技术采用相关理论，最后对社会网络影响农户技术采用的机理做出阐释，为后文深入研究打下坚实的理论基础。

第三章，社会网络识别、测算和特征。本章的主要任务是界定社会网络的内涵、划分社会网络的维度、形成社会网络的指标体系，然后通过因子分析法测算社会网络指标值及社会网络各维度指标，最后通过描述性分析对比技术采用者与未采用者的社会网络状况。

第四章，农户节水灌溉技术采用现状及问题分析。本章首先利用统计数据描述性分析全国节水灌溉技术推广现状，然后对甘肃民勤农户节水灌溉技术采用现状进行描述性分析，最后找出节水灌溉技术采用过程中存在的问题。

第五章，社会网络对农户节水灌溉技术采用影响关系分析。本章主要研究社会网络影响农户节水灌溉技术采用的倒 U 型关系，通过分位数回归模型，分别实证检验社会网络指数及社会网络各维度指标与农户节水灌溉技术采用间的影响关系，并通过门槛回归模型对所得结论进行稳健性检验。

第六章，社会网络对农户节水灌溉技术采用影响路径分析。本章主要目标是检验社会网络对农户节水灌溉技术采用的中介效应，应用 KHB 模型将社会网络影响农户节水灌溉技术采用的效应分解为直接效应和间接效应，测算社会网络是如何通过各中介变量间接影响农户节水灌溉技术采用的，各中介变量贡献大小如何。

第七、八章，社会网络与推广服务的交互影响。作为农户技术信息获取的两个主要渠道，社会网络和政府推广在农户节水灌溉技术采用中均发挥着重要作用，但两者间存在着何种关系有待进一步研究，本书分为上、下两部分对这一问题进行分析。在上部分中，首先介绍中国农业技术推广服务体系概况，然后理论分析推广服务对农户技术采用的影响，最后构建政府推广服务的指标体系并对其进行测算，为下部分社会网络与推广服务交互影响的实证分析做好铺垫。在下部分中，在测算因变量——农户节水灌溉技术采用效率的基础上，采用 Tobit 模型通过加入社会网络与推广服务交互项的方式分别实证检验社会网络指数及社会网络各维度在农户节水灌溉技术采用过程中与政府推广服务的交互影响关系。

第九章，结论与建议。本章对前面各章的研究内容做概括性总结，形成本书基本结论，之后针对此结论提出相应的可行性政策建议。

结语。本部分总结了本书的不足，并针对本书研究过程中遇到的问题提出下一步研究的展望。

（三）研究方法

本书基于农户实地调研数据，以现有的国内外相关文献为基础，分析社会网络影响农户节水灌溉技术采用机理，描述性分析农户节水灌溉技术采用现状及存在问题，探索社会网络影响农户节水灌溉技术采用的影响关系、影响路径，以及社会网络与政府推广服务交互作用对农户节水灌溉技术采用效率的影响。在具体的研究过程中，综合采用了文献分析法、数据调查法、计量分析法三类研究方法，说明如下。

（1）文献分析法。文献学习和梳理是研究任务开展的基础，任何研究都离不开对现有文献的学习与继承，本书也是在整理和借鉴前人研究的基础上形成了研究选题、研究框架、研究思路和研究方法，具体体现在以下方面：在问卷设计上，有关社会网络的指标体系重点参考了 Brehm 和 Rahn（1997），Belliveau 和 Wade（1996），Putnam（1995，2001）和 Fukuyama（1998）等关于社会网络的定义，以及 Grootaert（2002）、边燕杰（2004）、赵雪雁（2012）、刘彬彬（2014）等关于社会网络的测度，同时结合本书特点对有关问题做了修订和补充；在社会网络影响农户技术采用机理分析上，重点学习了国外本领域相关经典文献，比较有代表性的是 Rogers（1962），Munshi（2004），Bandiera 和 Rasul（2006），Genius 等（2014）等。

（2）数据调查法。根据本书内容和特点设计调查问卷，选取中央财政小型农田水利建设重点县和国家高效节水灌溉示范县——甘肃省武威市民勤县作为调研地点，调查内容包括农户的基本信息及家庭基本特征、农业生产及灌溉情况、节水灌溉技术认知及采用情况、政府推广服务情况以及社会网络五个部分。采取入户调查、被访问者口述、调查者填写问卷的方式进行，考虑调查区域的经济发展和地域文化特点，按照乡（镇）系统抽取样本村和农户，进行问卷调查，结合典型调查和深度访谈，获取第一手数据资料。

（3）计量分析法。基于问卷调查数据，本书采用描述性统计法分析农户样本特征、农户节水灌溉技术采用现状以及农户社会网络现状。采用因子分析法测度社会网络指标值及社会网络各维度指标值；采用 Logit 模型分析农户节水灌溉技术采用的影响因素；采用分位数回归模型实证分析社会网络影响农户节水灌溉技术采用的倒 U 型关系；采用 KHB 模型分解社会网络影响农户节水灌溉技术采用的间接路径；采用 SFA 模型测算农户节水灌溉技术采用效率，并应用 Tobit 模型分析社会网络与政府推广服务对农户节水灌溉技术采用效率的交互影响。除此之外，在数据的处理上，本书还采用了标准化方法对指标进行去量纲化处理，采用中心化方法解决加入交互项后原指标与交互项的多重共线性问题；在模型稳健性上，采用了 Hansen（1999）的门槛回归模型对社会网络影响农户节水灌溉技术采用的倒 U 型关系做了稳健性检验等。

五 创新点

本书以甘肃民勤农户调查数据为例，研究农户节水灌溉技术采用的社会网络效应。主要创新体现在以下几个方面。

（1）社会网络的指标构建、维度划分、指标测量上具有创新性。通过统计学中潜变量的方法将不易观察和描述的社会网络的特征显化，采用多维度指标、设计合理问题刻画社会网络，构建社会网络指标体系；将社会网络划分为网络学习、网络互动、网络互惠和网络信任四个维度，能够更好地表征和诠释农户社会网络特征、更全面地反映农户社会网络现状；利用因子分析法得出社会网络指数和社会网络各维度指标值。

（2）使用分位数回归模型检验社会网络及其各维度与农户节水灌溉技术采用间的非线性关系，发现社会网络指数与农户节水灌溉技术采用之间呈现典型的倒 U 型关系，社会网络维度中，网络学习、网络信任和网络互动与农户节水灌溉技术采用之间呈现倒 U 型关系。

（3）通过社会网络影响农户节水灌溉技术采用的路径分

析，发现社会网络对农户节水灌溉技术采用存在中介效应，社会网络可通过收入结构、收入水平、信贷约束、种植结构和技术认知五条间接路径影响农户节水灌溉技术采用。

（4）通过社会网络与政府推广服务对农户节水灌溉技术采用交互影响研究，发现社会网络与推广服务在提高农户节水灌溉技术采用率时具有明显的替代关系；在社会网络结构中，网络学习和网络信任与推广服务存在显著替代关系。

第二章 ◀

理论基础

农户既是农业生产的主体，又是节水灌溉技术采用的主体，从农户视角研究节水灌溉技术采用率低下的生成机理是农户技术采用微观激励机制建立的逻辑所在。作为农户技术信息获取的主要渠道之一，社会网络具有共享技术信息、降低采用风险、弥补正式组织缺陷的功能，在农户节水灌溉技术采用中扮演着重要角色，因此研究社会网络对农户节水灌溉技术采用的影响效应具有重大意义。本章首先界定书中涉及的概念，然后梳理农户技术采用相关理论，最后对社会网络影响农户技术采用的机理做出阐释，为后文深入研究打下坚实理论基础。

一 相关概念界定

（一）节水灌溉技术

节水灌溉是指根据作物需水规律以及该地供水条件，高效利用天然降水和人工灌溉水，以获取最佳的农业经济效益、社会效益和生态环境效益的综合技术措施的总称（付秋华，

2010)。其根本目的在于提高水资源利用率，实现农业生产的节水、高产、优质、高效。节水灌溉的核心在于水资源有限条件下，通过先进的水利工程技术、适宜的农作物技术以及用水管理技术等措施，充分提高农业用水利用率，减少农业生产中水资源调配、输水、灌水、作物吸收等环节的水资源浪费。

目前节水灌溉技术措施主要包括以下三种：一是输水系统节水，主要是采取渠道防渗、低压管道输水等减少水的无效损耗；二是田间节水技术，主要是雨水集流、地面灌溉技术改进与提高等保水技术；三是水资源优化调配，主要是灌溉预报、灌区水量调配、节水灌溉制度（灌水定额、灌水次数、灌水时间等）、劣质水与污水的利用等。本书中所指的节水灌溉技术，主要包括渠道防渗、滴灌、喷灌、微灌、低压管道输水等。

渠道防渗是目前我国节水灌溉的主要措施之一。传统土渠输水渗漏和蒸发损失严重，采用渠道防渗技术后，可使渠系水利用系数比原来土渠提高 50% ~ 70%。渠道防渗还具有输水快、有利于农业生产抢季节、节省土地等优点。

滴灌是利用塑料管道将水通过直径约 10mm 毛管上的孔口或滴头送到作物根部进行局部灌溉，水利用率可达 95%，结合施肥可提高肥效 1 倍以上。其适用于果树、蔬菜、经济作物以及温室大棚灌溉，在干旱缺水的地方也可用于大田作物灌溉。其不足之处是滴头易结垢和堵塞，因此应对水源进行严格的过滤处理。

喷灌是利用管道将有压喷头分散成细小水滴，均匀地喷洒到田间，对作物进行灌溉。其具有节水效果显著、作物增产幅度大、省钱省力、可避免土壤次生盐碱化等优点。

微灌是利用塑料管道输水，通过微喷头喷洒进行局部灌溉的一种微型喷灌形式。它比一般喷灌更省水、能改善田间小气候，可结合施用化肥，提高肥效。其主要应用于果树、经济作物、花卉、草坪、温室大棚等灌溉。

低压管道输水是利用管道将水直接送到田间灌溉，以减少明渠输水过程中的渗漏和蒸发损失。与渠道输水相比，其具有输水迅速、节水、省地、增产等优点。

（二）农户社会网络

社会网络是一个社会学概念，德国社会学家 Simmel 于1922 年最早提出"网络"这一概念。1940 年，英国人类学者Radcliffe Brown 首次使用"社会网络"的概念。而社会网络在经济学、管理学中的应用较晚，Granovetter（1973）认为任何经济行为均包含于社会网络之中。

有关社会网络的定义，不同学者把握的侧重点不同。一些学者认为社会网络最主要的功能是个体利用社会网络资源相互学习，以达到提升自我、实现自身目标的目的，个体通过社会网络有效获取信息、改进知识积累、达到学习目的（Bandiera and Rasul，2006）。一些学者强调社会网络中的互动，认为社会网络是个人网络及体制中的社交关系（Belliveau and Wade，1996），强调个体通过频繁地与网络内其他个体的语言和行为接触而实现自身目标。一些学者认为社会网络是社会组织的特征，例如网络、规范及社会信任，可促进彼此利益的协调与合作（Putnam，1995），因此，社会网络对个人和群体均存在益处（Adler and Kwon，2000）。还有一些学者认为社会网络是基于熟人关系的信任而形成的，有助于提高工作效率、降低交易成本，促使合作达成。Putnam（2001）解释了社会网络的信任影响组织目标完成的内在机理，个体间网络信任程度越高，组织目标越容易完成。Fukuyama（1998）认为，网络信任是由于个体间相互了解而建立的成员间可共享的非正式价值观念及规范，因其趋同性可形成成员间的相互信任，进而促成合作。

尽管国内外学者从各个角度对社会网络的内涵做出界定，但归结起来均是围绕学习、互动、互惠和信任这四个方面的一个或几个方面展开。从本质上讲，社会网络是个人社会联系网中的信息、信任及互惠的规范（Woolcock，1998），它以网络资源为基础，以群体活动长期形成的规则与制度为保障，通过各成员间的学习、互动、互惠与信任维持其运行。

（三）农户技术采用

Rogers（1962）将农户技术采用定义为从听说一项农业技术到最终采用的精神接受过程。现有研究一般认为，农户技术采用是指接受对象对某项技术了解、思考、认可和掌握，并在生产实践中实际应用的过程，通常是指农户个体对某项技术选择、接受的行为（周行，2005；韦志扬，2007）。本书中涉及的农户技术采用的概念主要包括以下三个。

1. 采用决策——是否采用

采用决策是指农户对农业新技术做出的采用与否的决定，农户的技术采用决策是二元变量，即采用和不采用，本书中的农户采用决策即农户对节水灌溉技术做出的采用与否的决定。

2. 采用程度——采用率

实践中发现，农户技术采用是一个逐步的过程，而非传统观点的一次性采用（采用或不采用），农户并非一次性将全部土地采用新技术，而是采取循序渐进的模式，首先部分采用，然后逐步调整。因此本书中选取采用率的概念来表示农户新技术逐步采用的程度，即当前采用新技术的土地面积占农户家庭耕地总面积的比重。由此可见采用率的取值范围为 [0,1]，其中采用率为 0 代表农户并未采用新技术，采用率为 1 代表农户在家庭全部耕地中使用了新技术。

3. 采用效率

经济学意义上的技术效率是指投入与产出之间的关系。技术效率的概念最早是由 Farrell（1957）提出来的。他从投入角度定义技术效率，是指在相同产出下生产单元理想的最小可能投入与实际投入的比率。技术采用效率即采用某技术所带来的成效，例如，节水灌溉技术采用效率，即采用节水灌溉技术后所带来的水资源的优化程度，再具体地说，节水灌溉技术采用效率即在产出和其他投入一定的情况下，采用节水灌溉技术后最优用水量与实际用水量之比。该最优用水量是指不存在效率损失情况下的用水量。

二　农户技术采用理论

（一）农户技术采用决策

目前，农户技术采用决策研究主要有静态农户技术采用决策模型和动态农户技术采用决策模型两种。

一是静态农户技术采用决策模型，是指农户在特定的时空条件下是否采用新技术的决策及该决策所受到的影响因素分析（Just，1983）。由舒尔茨"理性小农"的假设可知，农户是利润最大化的"理性经济人",农户技术采用决策取决于技术采用后预期成本收益与未采用技术时成本收益的比较(储成兵,2015)。

二是动态农户技术采用决策模型,该理论认为农户技术采用决策必然会受到时间变动的影响,因此,应该采用动态农户技术采用决策模型来分析。与静态农户技术采用决策模型相比,动态农户技术采用决策模型允许农户的技术采用决策行为受到时间变化的影响。比较有代表性的是 O'Mara(1971),他利用贝叶斯函数来分析农户对新技术采用的决策过程(从认知到采纳)。之后,Stoneman(1981)和 Lindner(1979)在此基础上改进了该方法,通过讨论农户收集其他采用者的成本收益等信息,并对新技术进行二次判断,从而做出采用决策。 •

(二)农户技术采用过程

农户技术采用表现为一个连续性的多阶段"逐步"采用过程(Conley and Udry,2010),首先部分采用,然后逐步调整采用决策。Klonglan 和 Coward(1970)指出,农户首先要从思想观念上接受新技术,因此将农户技术采用行为划分为以下过程,即"认知→信息评价→尝试采纳→尝试接受/尝试拒绝"。Spence(1986)基于 Klonglan 和 Coward(1970)的研究,在尝试采纳之后加入了对技术满意度的判断,农户的技术采用过程即为"认知→评价→尝试采纳→满意与否→采纳(满意)/不采纳(不满意)"。与此不同,Rogers(1962)认为,农户技术采用过程是从最初技术认知到最终确认的完整过程,他将农户技术采用过程分为连续的五个阶段,即"认知→

说服→决策→实施→确认"。以上三种技术采用过程划分方法虽不尽相同，但存在一致性，据此可将农户技术采用过程划分为三个阶段，即"技术认知阶段→试采用阶段→持续采用阶段"，如图2-1所示。Barham等（2004）解释了驱动农户采用这种渐进式模式的原因，认为未来充满着风险和不确定性，这要求农户通过风险管理、学习行为以及投资调整来降低收益不确定性。Kijima等（2009）将技术采用划分为试采用和持续采用两个阶段。Lambrecht等（2014）认为，不应忽视技术采用认知过程，把技术采用划分为认知、试采用和持续采用三个阶段，发现不同阶段技术采用的影响因素存在较大差异。

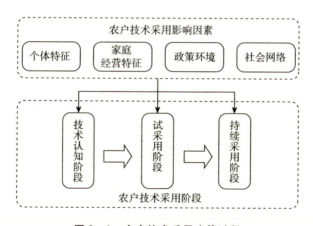

图2-1　农户技术采用决策过程

（三）农户技术采用影响因素

有关农户技术采用影响因素的研究较多，已取得了丰硕的成果。大体来说，主要有以下四类因素影响农户技术采用行为。一是农户个体特征。研究发现，女户主比男户主更愿意选择劳动替代型技术（宋军、胡瑞法，1998）。农户受教育程度显著正向影响其技术采用行为 （胡瑞法，1998；Feder and Slade，1984；Ervin and Ervin，1982；孔祥智等，2004），因为受教育程度较高的农户可以更好地调整要素投入，以便采用新技术。二是农户家庭经营特征。家庭耕地面积对农户技术采用产生显著影响 （Just and Zilberman，1983；林毅夫，1994；黄季焜等，1999；Hayami，1981）。农户家庭收入是影响技术采用决策的重要因素 （Kassie et al.，2013）。农户兼业化程度越高，越有利于农户技术采用 （向国成、韩绍凤，2005；李争、杨俊，2010）。三是政策环境。政府推广服务对农户技术采用具有显著影响 （朱希刚、赵绪福，1995；Genius et al.，2014）。政府补贴有利于农户技术采用及农户福利的增加（Kim et al.，1992）。四是社会网络。社会网络是农户技术采用的重要影响因素，社会网络因其较短的信息传播路径，能够提高农户技术扩散速率，在农户技术采用中发挥重要作用（Watts and Strogatz，1998；王格玲、陆迁，2015）。

三　社会网络对农户技术采用的影响机理阐释

（一）社会网络影响农户技术采用的过程

农户技术采用是动态学习过程 （Genius et al.，2014），农户通过"干中学" （learning by doing） 和社会学习 （learning from others） 逐步修正自己对技术的评价，做出采用决策。社会网络具有提供共享信息、降低采用风险、弥补正式组织缺陷的功能 （Fukuyama，2000），在农户技术采用中扮演着重要角色。具体来说，社会网络影响农户节水灌溉技术采用的过程如图 2 - 2 所示。

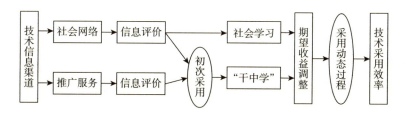

图 2 - 2　社会网络影响农户节水灌溉技术采用的过程

（二）社会网络影响农户技术采用的机理

概括起来，社会网络主要通过以下四种机制直接影响农户技术采用行为。

第一，信息获取机制。农户获取信息渠道有限、大多处于信息不完全状态。信息障碍是影响农户技术采用的重要决定因素（Abdulai et al.，2008；Munshi，2004；Rosenzweig，2010；Young，2009）。社会网络在农户技术采用过程中通过减少不对称信息和交易成本促使信息流动，从而降低市场无效性（Abdulai et al.，2008；Rogers，1962）。Conley 和 Udry（2010）通过研究发现社会网络为农户提供最重要的技术信息。农户通过社会网络进行技术交流，可有效获取信息，改进知识累积，提高技术采用率（Bandiera and Rasul，2006）。

第二，社会学习机制。新技术引进之初，农户对其特征并不熟知（Evenson and Westphal，1995）。新采用者会向社会网络内其他采用者学习该技术，以加快技术采用进程，并且社会学习可产生知识的溢出效应，促进技术采用（Glaeser et al.，1992）。社会网络的学习效应使新技术扩散更快（Rogers，

1962；Bindlish and Evenson，1997）。Munshi（2004）指出，社会网络的学习效应只发生在村庄内部，并且更多的是发生在同质群体间，原因是异质性群体中的个性差异将导致采用结果具有不可预测性，使得农户不太可能借鉴其经验。

第三，风险分担机制。研究发现，社会网络是一种有效降低风险冲击的机制（Townsend，1994；Fafchamps and Lund，2003；Goldstein，1999）。技术信息不完全状态抑制农户技术采用行为，而农户通过社会网络进行学习可有效减少不确定性（Besley and Case，1995；Foster and Rosenzweig，1995），为技术采用农户提供风险保障（Bandiera and Rasul，2006），促使农户不可逆投资技术的采用（Wang and Reardon，2008）。尤其是当保险市场缺失或无效时社会网络的风险分担功能可促进农户新技术的采用（Abdulai et al.，2008）。

第四，服务互补机制。实证表明，推广服务和社会网络是农户技术采用行为的强决定因素，也是农户技术信息获取的两个主渠道，两种信息渠道的有效性因对方的存在而增强（Genius et al.，2014）。现实中，由于政府推广服务无法适应农户技术需求，导致农业技术供需矛盾（凌远云、郭犹焕，1996），所以很多农户无法通过正式推广服务学习新技术，而更有可能通过与社会网络中其他农户相互交流分享技术信息而加快技术采用进程（Kassie et al.，2012）。

四　本章小结

研究脉络的学习和研究机理的阐释是研究的基础。本章首先界定了本书相关概念，明确了研究对象；然后从农户技术采用的决策、过程、影响因素三个方面系统学习了农户技术采用理论；最后阐释了社会网络影响农户技术采用的机理。通过本章研究可为后文实证分析打下坚实的理论基础。

▶ 第三章

社会网络识别、测算和特征

社会网络是一个新兴概念，有关其内涵和结构的问题，学术界一直没有定论，尤其关于社会网络的指标体系构建和测算问题也是争议较多，这也正是本书的重点和难点问题。本章将通过对社会网络内涵和结构的学习，划分社会网络结构，找出合理的社会网络代理变量形成社会网络指标体系，寻找合适的方法对社会网络进行测度，之后对农户社会网络现状做描述性分析，为下一步研究的展开奠定坚实的基础。

一　农户社会网络内涵

"社会网络"这一概念自提出以来，就以其强大的解释力广泛应用于社会学、经济学、管理学等多个领域的研究，形成了各种不同观点，如网络结构论、嵌入性理论、社会资源论等，以及"差序格局"理论和"人情面子"理论等。学者从各个角度对社会网络的内涵做了界定，观点各有侧重，但有关社会网络的共同特点是不变的。本质上讲，社会网络是个人社会联系网中的信息、信任及互惠的规范（Woolcock，1998），它以网络资源为基础，以群体活动长期形成的规则与制度为保障，通过各成员间的学习、互动、互惠与信任维持其运行。

1. 学习

一些学者认为社会网络最主要的功能是个体利用社会网络资源相互学习，以达到提升自我、实现自身目标的目的。社会网络是社会公民间解决群体问题所形成的合作关系网（Brehm and Rahn，1997）。它存在于由个人和社会单位拥有的关系网络中，通过这些关系网络获得，并从这些关系网络中衍生出来的社会和潜在的资源总和，同时也包含网络及网络中流动的资源（Nahapiet and Ghoshal，1998），这种流动的资源通过社会网络的学习效应加以利用。个体通过社会网络有效获取信息、改进知识积累、达到学习目的。

2. 互动

一些学者强调社会网络中的互动，认为社会网络是个人的网络及体制中的社交关系（Belliveau and Wade，1996）。Coleman（1990）从功能的角度解释社会网络是拥有两个共同特质的多种实体，此两种特质分别为各种社会结构以及此结构中个体的特定行动。这种获取行动资源的流程，其本质指的是网络内的个体互动，即网络互动。网络互动强调个体通过频繁地与网络内其他个体的语言和行为接触而实现自身目标。

3. 互惠

社会网络是社会组织的特征，例如网络、规范及社会信任，是可促进彼此利益的协调与合作（Putnam，1995）。因此，社会网络对个人和群体均存在益处，其源于行动者间社会关系的结构与内容，给予行动者信息、影响力及团结一致的信念（Adler and Kwon，2000）。从个人角度讲，社会网络是在特定情境下可将社会连接关系转换为经济性资本，并有助于某种形式的地位的提升（Bourdieu，1985）；自然形成的人际社会关系有助于市场上的竞争及稀有资源的获取（Loury，1992）。而从群体角度说，社会网络是群体成员共享的非正式价值观或规范，能促使成员间相互合作（Fukuyama，1997）；群体或组织中成员能为共同目的一同工作（Fukuyama，1995）。

4. 信任

社会网络是能够提供支持与资源的人员数量，而这些支持与资源是被期望，且可让其随意处置的（Boxman et al.，1992），这里的人员数量更直白地讲即是熟人关系，它体现了相互信任。Bourdieu and Wacquant（1992）也提出了相似观点，认为社会网络是熟人相互间或多或少的体制化关系所形成的持久网络中真实或潜在资源的集合。这种基于熟人关系的信任而形成的网络有助于提高工作效率、降低交易成本，促使合作达成。Putnam（2001）和 Fukuyama（1998）也分别从网络信任角度出发肯定了社会网络的积极意义。Putnam（2001）解释了社会网络的信任影响组织目标达成的内在机理，个体间网络信任程度越高，组织目标越容易达到。Fukuyama（1998）认为，网络信任是由于个体间相互了解而建立的成员间可共享的非正式价值观念及规范，因其趋同性可形成成员间的相互信任，进而促成合作。

二 农户社会网络指数及其构成

依照社会网络内涵的四个方面，将社会网络划分为四个维度：网络学习、网络互动、网络互惠、网络信任。

（一）农户社会网络维度

1. 网络学习

网络学习存在于群体生活的每时每刻，个体通过与网络成员间的相互交流及共同解决问题的经历，而获取知识、累积经验，进而得到进步。它反映的是社会网络的学习功能。

2. 网络互动

网络互动与网络学习相辅相成，个体在网络内互动的同时得到学习，网络学习的过程通过网络互动实现。通过社会网络实现目标的时候，网络互动是过程，网络学习是结果，二者是辩证统一的关系。

3. 网络互惠

社会网络的形成是基于一系列的标准和规范建立的，在此基础上个体间就各自利益相互协调与合作，找到既可兼顾个体利益又不损害组织利益的平衡点，从而实现互惠与共赢。

4. 网络信任

简单来说，社会网络是熟人网络，网络间成员由于长期真实或潜在资源集合而形成相互信任与默契。在共同面对问题时能够更快地协调矛盾、找出突破口，从而解决问题。

（二）指标体系构建

采取多指标方式，在 Grootaert（2002）研究的基础上，将社会网络按照其内涵划分为网络学习、网络互动、网络互惠和网络信任四个方面。社会网络的学习效应可以产生知识溢出促进学习（Glaeser et al., 1992），因此可用农户技术交流、向示范户请教、去示范田参观的频繁程度来表征网络学习；农户在社会网络中互动获取信息可有效减少不确定性（Besley and Case，1995；Foster and Rosenzweig，1995）、降低风险冲击（Fafchamps and Lund，2003），因此选用农户与朋友吃饭聚会频率及邀请朋友来家做客频率来表示网络互动；现代经济社会中网络成员间的合作、联合、协调的关系使各成员实现自身利益的同时会兼顾他人利益与组织利益，实现网络互惠（Fehr and Gacher，2000；Andreoni and Miller，1993；谢洪明等，2011），因此用家中有红白喜事或遇到困难时亲朋来帮忙的意愿程度来表示网络互惠；网络信任具有减少交易成本、促成合作的作用（Harvey and Sykuta，2005），农户借东西给周围人的自愿程度和农户对村里政策信息的相信程度可表达网络信任。具体社会网络变量说明及其描述性分析见表3-1。

表3-1 社会网络变量说明及其描述性分析

变量	说明	均值	标准差
网络学习			
您经常与别人交流技术使用心得吗	从不 1→5 频繁	2.8375	1.0304
您经常向技术示范户请教节水灌溉问题吗	从不 1→5 频繁	2.5596	1.2157
您会经常去技术示范户田里参观吗	从不 1→5 频繁	2.2996	1.2923
网络互动			
您经常与朋友出去吃饭聚会吗	从不 1→5 频繁	1.9350	0.8891
您经常邀请朋友来家里做客吗	从不 1→5 频繁	2.2274	0.9014
网络互惠			
您家里有事时大家愿意来帮忙吗	很不愿意 1→5 很愿意	4.1047	0.5921
您遇到困难时有很多人帮您想办法解决吗	很少 1→5 很多	3.8375	0.7062
网络信任			
您愿意借东西给周围的人吗	很不愿意 1→5 很愿意	4.2130	0.6006
您对村里发布的政策信息相信吗	非常不相信 1→5 非常相信	3.5271	0.8185

三　农户社会网络度量

（一）度量方法

对于多指标社会网络的测量，多采用探测性因子分析法（王昕，2014；刘彬彬等，2014；王格玲，2012），本书也采用此法。

因子分析法 1904 年首次由 Charles Spearman 提出，其实质简单来说就是用几个潜在的不能被观测的互不相关的随机变量来描述许多变量之间的相关关系，这些随机变量被称为因子。通过研究变量间关系，找出可综合反映绝大部分原始变量信息的因子，然后根据"组内变量间相关性高、组间变量相关性低"的原则将原始变量分组，达到减少变量数的目的。

因子分析法有"因子旋转"（factor rotation）这一步骤，可使分析结果尽量地合理并易于解释。这也是因子分析法的优点所在。

1. 数学模型

设 p 个原始变量为 $x_1, x_2, \cdots, x_p$，要寻找的 k 个因子（$k < p$）为 $f_1, f_2, \cdots, f_k$，原始变量与因子关系为：

$$\begin{cases} x_1 = a_{11}f_1 + a_{12}f_2 + \cdots + a_{1k}f_k + \varepsilon_1 \\ x_2 = a_{21}f_1 + a_{22}f_2 + \cdots + a_{2k}f_k + \varepsilon_2 \\ \qquad\qquad\qquad \vdots \\ x_p = a_{p1}f_1 + a_{p2}f_2 + \cdots + a_{pk}f_k + \varepsilon_p \end{cases} \tag{1}$$

式中 a_{ij} 为变量 x_i 与因子 f_j 的相关系数，也称载荷（loading）；ε 代表其他影响因素。

方差贡献率是指因子 f_j 对变量 x_i 的方差总和，反映因子 f_j 的相对重要程度：

$$g_j^2 = \sum_{j=1}^{k} a_{ij} \ (i = 1, 2, \cdots, p) \tag{2}$$

共同度是指变量能被因子解释的程度，用因子 f_j 对变量 x_i 的方差贡献率表示：

$$h_i^2 = \sum_{i=1}^{p} a_{ij} \ (j = 1, 2, \cdots, k) \tag{3}$$

2. 步骤

（1）检验。因子分析要求样本数量是变量数量的 5 倍以上，且样本总数应在 100 以上；变量间必须相关，若原始变量均独立，则每个变量都不可替代，无法降维。

用 KMO 检验和 Bartlett's test of sphericity 来判断。KMO 取值 [0,1]，越接近 1，变量间偏相关性越强，因子分析效果越好。若 KMO 值大于 0.7，则因子分析效果较好；若 KMO 值小于 0.5，则因子分析效果很差。

（2）因子提取。通常使用主成分分析法（principal components）提取公因子。因子数量确定的两种方法是提取公因子方差贡献率大于 80% 的因子和特征根大于 1 的因子。

（3）因子命名。因子分析有利于为含义模糊的因子找出合理解释，应用时要观察因子载荷矩阵并与实际问题结合。若载荷绝对值在第 i 行取值大多数大于 0.5，表明变量 x_i 与多个因子相关性较强，需要由多个因子共同来解释；若载荷绝对值在第 j 列取值大多数大于 0.5，则表明因子 f_j 能解释众多原始变量，但对原始变量解释度均较小。因子含义模糊难以给出合理解释时，要进行因子旋转。旋转的方法主要是斜交旋转和正交旋转。

（4）计算因子得分。因子得分（factor score）是各变量的线性组合，由下列方程给出：

$$\begin{cases} f_1 = b_{11}x_1 + b_{12}x_2 + \cdots + b_{1p}x_p \\ f_2 = b_{21}x_1 + b_{22}x_2 + \cdots + b_{2p}x_p \\ \quad\quad\quad\quad\quad \vdots \\ f_k = b_{k1}x_1 + b_{k2}x_2 + \cdots + b_{kp}x_p \end{cases} \quad\quad (4)$$

根据因子分析获得各维度主成分后，根据公式 $F = \dfrac{\sum \% \, of \, variance \times F_i}{cumulative\%}$ 计算各维度指标值。式中，F_i 为第 i 个主成分，$\% \, of \, variance$ 为第 i 个主成分的方差贡献率，$cumulative\%$ 为累积贡献率，F 为因子得分值，即各维度指标值。

（二）农户社会网络测算

对社会网络各指标进行因子分析，得到样本 KMO 检验值为 0.615，Bartlett 球形检验的近似卡方值为 1002.110（sig. = 0.000），说明样本数据适合做因子分析。然后通过最大方差法对因子进行旋转使所得公因子的经济意义更加合理，共得到 4 个特征根大于 1 的公因子（见表 3 - 2），方差贡献率分别为 27.913%、16.654%、14.190% 和 11.243%，累计方差贡献率为 70.001%。

表 3 - 2　社会网络因子分析结果

变量	因子载荷值			
	f_1	f_2	f_3	f_4
您经常与别人交流技术使用心得吗	0.662	—	—	—
您经常向技术示范户请教节水灌溉问题吗	0.925	—	—	—

续表

变量	因子载荷值			
	f_1	f_2	f_3	f_4
您会经常去技术示范户田里参观吗	0.894	—	—	—
您经常与朋友出去吃饭聚会吗	—	0.891	—	—
您经常邀请朋友来家里做客吗	—	0.878	—	—
您家里有事时大家愿意来帮忙吗	—	—	0.797	—
您遇到困难时有很多人帮您想办法解决吗	—	—	0.760	—
您愿意借东西给周围的人吗	—	—	—	0.693
您对村里发布的政策信息相信吗	—	—	—	0.802
方差贡献率（%）	27.913	16.654	14.190	11.243
KMO 检验值	0.615			
Bartlett 球形检验近似卡方值	1002.11			

由表 3-2 中因子分析结果还可知，公因子 1（f_1）在是否经常与别人交流技术使用心得、是否经常向技术示范户请教节水灌溉问题、是否经常去技术示范户田里参观这三个指标上的因子载荷值最大，方差贡献率为 27.913%。农户与他人交流越多，获取的技术信息越多；向示范户请教技术问题越频繁，技术应用中的问题越容易解决；参观示范户田地越多，得到的启发越大。公因子 1（f_1）反映的是农户的网络学习情况，因而将其命名为网络学习，用 *learning* 表示。

公因子 2（f_2）在是否经常与朋友出去吃饭聚会、是否经常邀请朋友来家里做客这两个指标上的因子载荷值最大，方差贡献率为 16.654%。农户与朋友出去吃饭聚会以及邀请朋友来家做客情况均反映了农户的社会交往频繁程度，农户互动越多，技术信息越灵通，越有利于技术采用。公因子 2（f_2）反映的是农户的网络互动情况，因而将其命名为网络互动，用

interaction 表示。

公因子 3 （f_3）在家中有事时大家是否愿意来帮忙和遇到困难时是否有很多人帮忙想办法解决这两个指标上的因子载荷值最大，方差贡献率为 14.190%。这两个指标指的是农户在特殊时刻在网络内所得到的帮助大小，它反映了农户社会网络内的互惠程度大小，因而将其命名为网络互惠，用 *reciprocity* 表示。

公因子 4 （f_4）在是否愿意借东西给周围的人和对村里发布的政策信息相信程度这两个指标上的因子载荷值最大，方差贡献率为 11.243%。农户越愿意借东西给周围人，说明网络内部关系融洽，信任程度高；农户越相信村里政策信息，表示民风越淳朴，政策越有力，村民对政府越有信心。公因子 4 （f_4）反映的是农户间的信任状况，因而将其命名为网络信任，用 *trust* 表示。

根据各因子得分及其方差贡献率，得到社会网络指标值的计算公式为 $SN = (27.913 \times learning + 16.654 \times interaction + 14.190 \times reciprocity + 11.243 \times trust)/70.001$，其中 SN 代表社会网络，*learning*、*interaction*、*reciprocity* 和 *trust* 分别代表四个公因子，即四个维度社会网络（网络学习、网络互动、网络互惠、网络信任）指标值。

四　农户社会网络描述性分析

（一）农户社会网络整体情况描述

农户社会网络情况如表 3 - 3 所示，整体上讲，网络互惠两个指标的均值最高，网络信任次之，网络学习第三，网络互动最低。这些情况说明农户社会网络间互惠程度最高，在家中有事或遇到困难时周围人愿意来帮忙；而形成于网络间的信任程度较高，农户对周围人信任，并且对政府有信心；农户间的相互学习也比较频繁，农户经常与他人交流技术使用心得、请教示范户技术问题、去他人田里参观；农户间的互动较少，吃饭聚会、邀请朋友来家里做客的情况较少。

表 3-3　社会网络整体描述性分析

维度	指标	最小值	最大值	均值	标准差
网络学习（learning）	您经常与别人交流技术使用心得吗	1	5	2.8794	1.0298
	您经常向技术示范户请教节水灌溉问题吗	1	5	2.6694	1.2587
	您会经常去技术示范户田里参观吗	1	5	2.4740	1.3086
网络互动（interaction）	您经常与朋友出去吃饭聚会吗	1	5	2.0146	0.9519
	您经常邀请朋友来家里做客吗	1	5	2.3035	0.9527
网络互惠（reciprocity）	您家里有事时大家愿意来帮忙吗	2	5	4.1206	0.5683
	您遇到困难时有很多人帮您想办法解决吗	1	5	3.8337	0.7592
网络信任（trust）	您愿意借东西给周围的人吗	1	5	3.9314	0.5337
	您对村里发布的政策信息相信吗	1	5	3.4719	0.8415

从各个维度来看，网络学习三个指标中，技术交流均值最大，参观示范田均值最小，说明农户更倾向于通过与他人交流学习技术，请教示范户次之，最不喜欢去示范田参观；网络互动中，农户邀请朋友来家里做客比和朋友出去吃饭聚会更频繁，说明来家里做客这种互动方式更受农户欢迎；网络互惠中，在家中有事时大家都愿意来帮忙，遇到困难时帮忙想办法的人也很多，说明农户社会网络的互惠程度较高；网络信任中，农户借东西给周围人的均值高于对村中政策信息的信任程

度，说明农户对网络内成员的信任高于对政府的信任。

（二）技术采用者与未采用者社会网络对比

将技术采用者和未采用者的社会网络指标值做对比分析，结果见表 3 - 4。

表 3 - 4 技术采用者与未采用者社会网络指标值对比分析

维度	指标	采用者		未采用者	
		均值	标准差	均值	标准差
网络学习 （learning）	您经常与别人交流技术使用心得吗	2.9192	0.9755	2.7623	1.1717
	您经常向技术示范户请教节水灌溉问题吗	2.7911	1.2274	2.3115	1.2862
	您会经常去技术示范户田里参观吗	2.5655	1.3013	2.2049	1.2981
网络互动 （interaction）	您经常与朋友出去吃饭聚会吗	2.0836	0.9795	1.8115	0.8365
	您经常邀请朋友来家里做客吗	2.3565	0.9808	2.1475	0.8496
网络互惠 （reciprocity）	您家里有事时大家愿意来帮忙吗	4.1114	0.5481	4.1475	0.6255
	您遇到困难时有很多人帮您想办法解决吗	3.8858	0.7136	3.6803	0.8650
网络信任 （trust）	您愿意借东西给周围的人吗	3.9499	0.4818	3.8770	0.6628
	您对村里发布的政策信息相信吗	3.5070	0.7941	3.3689	0.9638

由表 3 - 4 中数据可知，社会网络各指标中，除家里有事时大家愿意来帮忙的程度以外（但该指标均值在采用者与未采用者间差距不大，且该指标未采用者标准误差大于采用者标准误差，说明该指标以采用者和未采用者划分结果波动较大，暂且不做分析），未采用者社会网络指标值均小于采用者社会网络指标值，间接说明社会网络对农户技术采用决策具有正向促进作用。

　　对社会网络各维度指标进行因子分析后所得各指标值的均值在采用者与未采用者间也出现了同样的结果（见表 3 – 5），无论社会网络指标值还是社会网络四个维度，采用者均值均大于未采用者均值，再次证明社会网络有促使农户技术采用的作用。

表 3 – 5　技术采用者与未采用者社会网络因子分析后对比

项目		采用者		未采用者	
		均值	标准差	均值	标准差
社会网络指标值		0.5120	0.1610	0.4420	0.1758
社会网络维度	网络学习	0.4381	0.2048	0.3744	0.2401
	网络互动	0.3871	0.1988	0.3370	0.1837
	网络互惠	0.6418	0.1485	0.6354	0.1697
	网络信任	0.5699	0.1516	0.5341	0.1911

五　本章小结

　　通过学习国内外有关社会网络的文献，本章界定了社会网络内涵，将社会网络划分为四个维度，即网络学习、网络互动、网络互惠和网络信任，并形成了社会网络的指标体系，通过因子分析法测度社会网络指标值以及社会网络四个维度指标值，并对农户社会网络基本情况做描述性分析。通过本章研究发现，整体上农户社会网络状况良好，四个维度中网络互惠程度最高，网络信任次之，网络学习第三，网络互动最低；此外，通过对比技术采用者和未采用者社会网络发现，无论是社会网络原指标值还是社会网络度量后指标值，无论是社会网络整体还是社会网络四个维度指标值，未采用者社会网络总是小于采用者社会网络，暗示社会网络具有促进农户节水灌溉技术采用的作用。

第四章

农户节水灌溉技术采用现状及问题分析

推广农业节水灌溉技术、提高农户技术采用率是节约水资源、保障国家粮食安全、推动农业科技发展与转型的必要手段，因此党和政府十分重视农业节水灌溉事业的发展。本章首先利用统计数据分析中国节水灌溉技术推广情况。其次对调查区域农户的节水灌溉技术采用现状做出分析，先对本书样本数据来源以及调研地基本特点做了简要交代，之后利用调研数据从水资源稀缺性感知、节水灌溉技术认知、节水灌溉技术采用意愿、节水灌溉技术目前采用情况、节水灌溉技术采用效果5个方面描述性分析甘肃民勤农户节水灌溉技术采用情况。最后根据调研情况总结目前农户节水灌溉技术采用所存在的问题，从而对当前农户节水灌溉技术采用现状有了全面清晰的把握。

一 中国节水灌溉技术推广情况

（一）中国水利投资现状

水利是国民经济社会发展的重要基础，不仅关系用水安全和粮食安全，还关系到经济安全和生态安全①。我国是一个水资源严重短缺的国家，从党中央到各级地方政府都非常重视水利建设工作。"十二五"期间，中央制定了"最严格水资源管理制度"，把用水安全上升为国家战略，切实做好水资源改革发展工作。

2015 年，全年水利建设完成投资 5452.2 亿元，较上年增加 1369.1 亿元，增加了 33.5%。图 4-1 为 2004~2015 年全国水利建设完成投资情况，由图中数据可知，2004~2015 年，我国水利建设完成投资额呈现逐渐上升趋势，尤其是 2008~2012 年，水利建设完成投资额上升趋势明显。

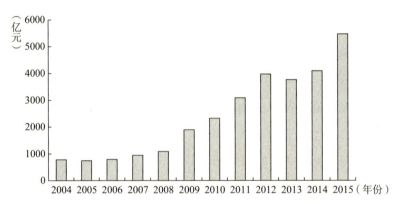

图 4-1 2004~2015 年全国水利建设完成投资额

数据来源：由 2007 年全国水利发展统计公报、2008 年全国水利发展统计公报、2009 年全国水利发展统计公报、2010 年全国水利发展统计公报、2011 年全国水利发展统计公报、2012 年全国水利发展统计公报、2013 年全国水利发展统计公报、2014 年全国水利发展统计公报、2015 年全国水利发展统计公报整理得出。

在每年的水利建设完成投资额中，按照用途可将完成投资情况划分为防洪工程建设、水资源工程建设、水土保持及生态

---

① 资料来源：《水利改革发展"十三五"规划》（公开稿），2016。

工程建设和水电及其他专项工程建设四种，分别为 1930.3 亿
元、2708.3 亿元、192.9 亿元、620.7 亿元，占全年水利建设
完 成 投 资 额 的 35.40% 、49.67% 、3.54% 、11.38% （见
图 4 - 2），其中用于水资源工程的水利建设完成投资额的比例
最大，接近一半。

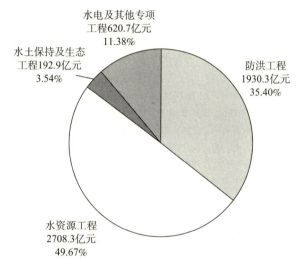

图 4 - 2   按用途分 2015 年全国水利建设完成投资额及其比例

数据来源：2015 年全国水利发展统计公报。

图 4 - 3 为 2004 ~ 2015 年水资源工程建设完成投资额及
其占全国水利建设完成投资额的比例趋势，由图中数据可
知，水资源工程建设完成投资额在此期间不断攀升，由 2004
年的 218.4 亿元提高到 2015 年的 2708.3 亿元，水资源工程
建设完成投资额上升 11.4 倍。其在全国水利建设完成投资额
中的比例也在不断提高，由 2004 年的 27.87% 逐渐上升到
2015 年的 49.67%，占比提高近一倍。可见发展水资源工程
的重要性。

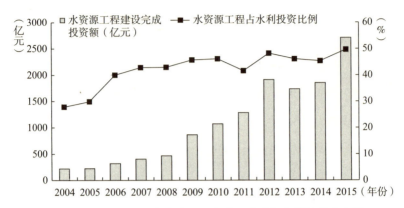

图 4 - 3   2004～2015 年水资源工程建设完成投资额及其占全国
水利建设完成投资额的比例

数据来源：国家统计局数据库，由 2007 年全国水利发展统计公报、
2008 年全国水利发展统计公报、2009 年全国水利发展统计公报、2010 年
全国水利发展统计公报、2011 年全国水利发展统计公报、2012 年全国水
利发展统计公报、2013 年全国水利发展统计公报、2014 年全国水利发展
统计公报、2015 年全国水利发展统计公报整理得出。

（二）中国水旱灾害情况

国家投入大量人力、物力开展水利工作，已取得了显著成
效。2015 年，国家安排中央财政资金用于小型农田水利建设，
全年新增有效灌溉面积 1798 千公顷，新增节水灌溉面积 2725
千公顷。尽管如此，各地水旱灾害仍然不断，造成的损失无法
估计。图 4 - 4 为 1996～2015 年全国水旱灾害统计，由图可
知，近 20 年我国水旱灾害频发，水灾最为严重的是 1998 年，
旱灾最为严重的是 2000 年和 2001 年，旱灾普遍受灾情况比水
灾严重。

2014 年，全国 26 个省、自治区、直辖市发生干旱，作物
因旱受灾面积 12271.70 千公顷，其中成灾面积 5677.10 千公
顷、绝收面积 1484.70 千公顷，因旱粮食作物损失 200.65 亿

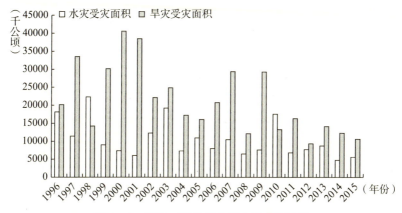

图 4 - 4　1996～2015 年全国水旱灾害统计

数据来源：国家统计局数据库，由 2006 年中国水旱灾害公报、2007 年
中国水旱灾害公报、2008 年中国水旱灾害公报、2009 年中国水旱灾害公报、
2010 年中国水旱灾害公报、2011 年中国水旱灾害公报、2012 年中国水旱灾
害公报、2013 年中国水旱灾害公报、2014 年中国水旱灾害公报整理得出。

元，经济作物损失 275.76 亿元；直接经济损失 909.76 亿元，
占当年 GDP 的 0.14%。表 4 - 1 为 2014 年全国和各省、自治
区、直辖市作物因旱受灾、成灾、绝收面积统计情况。由表可
知，2014 年，全国除天津、浙江、福建、江西、湖南、广东、
海南七省市外，其他各区域均受到不同程度的旱灾，其中以辽
宁省旱灾情况最为严重，作物因旱受灾面积 1811.40 千公顷，
其中成灾面积 1262.30 千公顷、绝收面积 543.70 千公顷，受
灾面积占全国总受灾面积的 14.76%，成灾面积占 22.23%，
绝收面积占 36.62%。

表 4 - 1　2014 年作物因旱受灾、成灾、绝收面积统计

单位：千公顷

地区	受灾面积	成灾面积	绝收面积	地区	受灾面积	成灾面积	绝收面积
全国	12271.70	5677.10	1484.70	湖北	633.50	179.10	21.80
北京	26.10	17.10	6.80	广西	15.60	4.20	0.20

续表

地区	受灾面积	成灾面积	绝收面积	地区	受灾面积	成灾面积	绝收面积
河北	1027.90	592.70	107.80	重庆	7.60	4.70	1.10
山西	721.60	208.00	41.40	四川	576.80	166.00	21.30
内蒙古	1313.60	740.00	183.50	贵州	9.50	2.70	
辽宁	1811.40	1262.30	543.70	云南	332.00	194.20	19.10
吉林	568.30	232.50	97.30	西藏	4.10	3.80	1.50
黑龙江	61.80	31.40	10.80	陕西	434.70	274.70	42.70
江苏	473.90	155.80	34.50	甘肃	644.20	291.30	13.90
安徽	283.30	60.00	16.50	青海	23.90	0.50	0.10
山东	688.50	230.70	60.00	宁夏	227.80	59.30	12.90
河南	1809.30	775.30	203.80	新疆	576.30	190.80	44.00

数据来源：2014 年中国水旱灾害公报。

2015 年，中央下拨特大抗旱经费 5.5 亿元，抗旱投入劳动力 3005 万人次，开动机电井 310 万眼、泵站 3.6 万处、机动抗旱设备 1928 万台套，出动各类运水车 484 万辆次，全面完成抗旱浇地面积 16556 千公顷，抗旱挽回粮食损失 226 亿千克[①]。尽管如此，我国水利工作仍然面临严峻挑战，农田水利设施薄弱、田间配套工程不足、农业生产"靠天吃饭"的问题仍然严峻。加之中国作为一个水资源紧缺的国家，农业灌溉用水量大，用水效率总体不高，节水潜力巨大。节水灌溉是依靠工程技术手段，最大限度地减少输水过程中水的损失，提高水资源利用效率的灌溉工程。大力发展节水灌溉技术是缓解水资源供需矛盾，保障国家粮食安全，推进农业现代化、加快生态文明建设、促进水资源可持续利用的必然

---

① 数据来源：2015 年全国水利发展统计公报。

要求和重要保障①。

(三) 中国节水灌溉推广情况

近年来，党中央、国务院高度重视农业节水工作，把节水灌溉当作革命性措施和重大战略性举措来抓，水利部联合多部门启动区域规模化节水灌溉建设行动，强力推进节水灌溉项目建设，促进水资源高效利用。2015 年，我国共有节水灌溉面积 31060 千公顷，占有效灌溉面积的 47.15%。图 4 - 5 为 2002～2015 年我国节水灌溉面积统计，由图中数据可以看出，我国节水灌溉面积逐渐增长，在此期间，节水灌溉面积增加 12433 千公顷，共提高了 0.67 倍。节水灌溉工作取得了较大的发展。

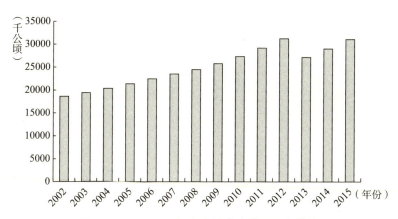

图 4 - 5 2002～2015 年全国节水灌溉面积统计
数据来源：国家统计局数据库年度数据。

"十二五" 期间，国家实行 "最严格水资源管理制度"，全国实施了小型农田水利建设，规模化节水灌溉增效示范等

---

① 资料来源：《水利部、国家发展和改革委员会、财政部、农业部、国土资源部关于加快推进高效节水灌溉发展的实施意见》。

项目有力促进了节水灌溉的快速发展。表 4-2 为截至 2015年年底的全国各地区节水灌溉情况统计，表中数据显示，受各区域农业发展状况和区域自然状况影响，全国各省（自治区、直辖市）节水灌溉发展情况并不一致，节水灌溉面积占灌溉面积比重最大的三个省区市分别是北京市、浙江省和内蒙古自治区，北京市节水灌溉面积为 296.00 万亩，占灌溉面积的 83.15%；浙江省节水灌溉面积为 1641.00 万亩，占灌溉面积的 70.49%；内蒙古自治区节水灌溉面积为 3712.00万亩，占灌溉面积的 67.16%。而节水灌溉面积占灌溉面积比重最小的三个省区市分别是西藏自治区、湖南省和湖北省，比重分别为 5.23%、10.84% 和 12.15%。按照高效节水灌溉（喷灌、微灌、管灌）面积占灌溉面积的比重来看，占比最大的是北京市、河北省、新疆维吾尔自治区，北京市喷灌面积 56.00 万亩、微灌面积 22.00 万亩、管灌面积 200.00万亩，三种高效节水灌溉面积合计占灌溉面积的 78.09%；河北省喷灌面积 290.00 万亩、微灌面积 163.00 万亩、管灌面积 3777.00 万亩，三种高效节水灌溉面积占灌溉面积的58.87%；新疆维吾尔自治区喷灌面积 55.00 万亩、微灌面积4682.00 万亩、管灌面积 176.00 万亩，三种高效节水灌溉面积占灌溉面积的 50.92%。而三种高效节水灌溉面积占灌溉面积比重最小的三个省区市分别是湖南、广东、西藏，比重为 0.52%、1.74% 和 3.74%。

经过前期的不断努力，截至 2015 年年底，全国节水灌溉面积达到 46591 万亩，年节水能力 270 亿立方米，灌溉水利用效率达到了 0.53，农业用水效益和效率得到了显著提高，社会用水矛盾得到有效缓解，促进了农业的规模化生产和农业生产经营方式的转变①。

表 4 - 2　截至 2015 年年底节水灌溉情况统计

单位：万亩，%

地区	灌溉面积	节水灌溉面积					节水灌溉面积占灌溉面积的比重	高效节水灌溉面积占灌溉面积的比重
		喷灌	微灌	管灌	其他	小计		
北京	356.00	56.00	22.00	200.00	18.00	296.00	83.15	78.09
天津	490.00	7.00	4.00	220.00	80.00	311.00	63.47	47.14
河北	7185.00	290.00	163.00	3777.00	480.00	4710.00	65.55	58.87
山西	2340.00	115.00	68.00	812.00	348.00	1343.00	57.39	42.52
内蒙古	5527.00	756.00	927.00	829.00	1200.00	3712.00	67.16	45.45
辽宁	2494.00	213.00	513.00	260.00	224.00	1210.00	48.52	39.53
吉林	2755.00	539.00	202.00	185.00	77.00	1003.00	36.41	33.61
黑龙江	8327.00	2107.00	130.00	16.00	292.00	2545.00	30.56	27.06
上海	453.00	5.00	1.00	109.00	100.00	215.00	47.46	25.39
江苏	6371.00	98.00	81.00	398.00	2927.00	3504.00	55.00	9.06
浙江	2328.00	82.00	74.00	93.00	1392.00	1641.00	70.49	10.70
安徽	6724.00	149.00	24.00	85.00	1102.00	1360.00	20.23	3.84
福建	1782.00	135.00	49.00	146.00	533.00	863.00	48.43	18.52
江西	3142.00	31.00	50.00	41.00	629.00	751.00	23.90	3.88
山东	8358.00	209.00	110.00	2869.00	1191.00	4379.00	52.39	38.14
河南	8001.00	242.00	42.00	1523.00	701.00	2508.00	31.35	22.58
湖北	4731.00	167.00	98.00	196.00	114.00	575.00	12.15	9.74
湖南	4815.00	7.00	2.00	16.00	497.00	522.00	10.84	0.52
广东	3100.00	13.00	10.00	31.00	390.00	444.00	14.32	1.74
广西	2540.00	42.00	59.00	72.00	1254.00	1427.00	56.18	6.81
海南	497.00	13.00	20.00	38.00	54.00	125.00	25.15	14.29
重庆	1037.00	18.00	3.00	65.00	223.00	309.00	29.80	8.29
四川	4445.00	71.00	24.00	140.00	2117.00	2352.00	52.91	5.29

---

①　数据来源：《"十三五"新增 1 亿亩高效节水灌溉面积实施方案》。

续表

地区	灌溉面积	节水灌溉面积					节水灌溉面积占灌溉面积的比重	高效节水灌溉面积占灌溉面积的比重
		喷灌	微灌	管灌	其他	小计		
贵州	1608.00	36.00	30.00	109.00	313.00	488.00	30.35	10.88
云南	2781.00	24.00	53.00	162.00	848.00	1087.00	39.09	8.59
西藏	669.00	0.00	0.00	25.00	10.00	35.00	5.23	3.74
陕西	2038.00	47.00	66.00	438.00	765.00	1316.00	64.57	27.04
甘肃	2253.00	38.00	255.00	235.00	853.00	1381.00	61.30	23.44
青海	404.00	3.00	9.00	44.00	148.00	204.00	50.50	13.86
宁夏	890.00	54.00	126.00	56.00	230.00	466.00	52.36	26.52
新疆	9649.00	55.00	4682.00	176.00	595.00	5508.00	57.08	50.92

数据来源：由《"十三五"新增1亿亩高效节水灌溉面积实施方案》中数据整理得出。

尽管我国节水灌溉建设已经取得了巨大的进步，然而高效节水灌溉面积仍然有限，只占灌溉面积的25%，水资源短缺、水资源时空分布不均、农业用水浪费严重这三个旧矛盾依然存在，同时水生态破坏、水资源污染等新矛盾更加凸显，我国水利事业面临前所未有的挑战，继续加大推进农业节水力度，提高农业灌溉用水效率，降低农业用水比重，积极推广节水灌溉技术，推进区域节水灌溉事业规模化发展仍然是我们的长期任务。

《中华人民共和国国民经济和社会发展第十三个五年规划纲要》要求"十三五"期间我国要新增1亿亩高效节水灌溉面积。为贯彻落实这一计划，水利部联合国家发展和改革委员会、财政部、农业部、国土资源部共同印发《"十三五"新增1亿亩高效节水灌溉面积实施方案》（以下简称《方案》），来指导"十三五"期间各地区节水灌溉建设工作，该《方案》明确了"十

三五"期间全国新增高效节水灌溉面积 1 亿亩,其中管灌面积
4015 万亩、喷灌面积 2074 万亩、微灌面积 3911 万亩,到 2020
年,全国高效节水灌溉面积将达到 3.6 亿亩,占灌溉面积的比例
提高到 32% 以上,农业灌溉水有效利用系数达到 0.55 以上。
《方案》确定各地区高效节水灌溉建设任务,其中新疆、河北、
内蒙古的建设任务在 1000 万亩及以上,其他各省份也是依据各
自区域内的自然条件、水资源状况和农业发展情况分配了不同
的灌溉模式及不同的任务量,具体见表 4-3。

表 4-3 "十三五"期间各地区高效节水灌溉建设任务表

单位:万亩

地区	管灌	喷灌	微灌	小计
全国	4015.00	2074.00	3911.00	10000.00
北京	0.00	15.00	25.00	40.00
天津	39.00	0.00	1.00	40.00
河北	565.00	225.00	210.00	1000.00
山西	135.00	55.00	110.00	300.00
内蒙古	0.00	300.00	700.00	1000.00
辽宁	195.00	10.00	95.00	300.00
吉林	30.00	205.00	65.00	300.00
黑龙江	35.00	420.00	45.00	500.00
上海	4.00	0.00	1.00	5.00
江苏	145.00	30.00	25.00	200.00
浙江	25.00	45.00	40.00	110.00
安徽	55.00	75.00	30.00	160.00
福建	40.00	30.00	10.00	80.00
江西	25.00	30.00	45.00	100.00
山东	810.00	70.00	70.00	950.00
河南	525.00	65.00	60.00	650.00
湖北	65.00	55.00	30.00	150.00

续表

地区	管灌	喷灌	微灌	小计
湖南	70.00	55.00	25.00	150.00
广东	15.00	30.00	5.00	50.00
广西	225.00	80.00	175.00	480.00
海南	7.00	5.00	8.00	20.00
重庆	40.00	20.00	10.00	70.00
四川	130.00	30.00	40.00	200.00
贵州	50.00	15.00	5.00	70.00
云南	265.00	100.00	135.00	500.00
西藏	3.00	1.00	1.00	5.00
陕西	140.00	25.00	95.00	260.00
甘肃	285.00	60.00	205.00	550.00
青海	45.00	5.00	30.00	80.00
宁夏	5.00	15.00	160.00	180.00
新疆	42.00	3.00	1155.00	1200.00
新疆生产建设兵团	0.00	0.00	300.00	300.00

数据来源：由《"十三五"新增1亿亩高效节水灌溉面积实施方案》中数据整理得出。

《方案》还确定了"十三五"期间不同区域的发展重点和技术模式，综合考虑了东北地区、华北地区、西北地区和南方地区四大区域的不同气候特征、水资源条件、种植结构等因素，四大区域的任务量分配如表4-4所示，东北地区占全国任务量的18.40%，其发展重点在喷灌技术和微灌技术；西北地区共有任务量2830万亩，占28.30%，其主要发展的技术模式是微灌，占西北地区任务量的75.09%；华北地区节水灌溉任务量占全国的29.80%，重点发展的技术模式为管灌，占任务量的69.60%；南方地区的节水灌溉任务量占全国的23.50%，发展重点在管灌技术，占任务量的49.53%。

表4－4　"十三五"期间节水灌溉分区域发展重点和技术模式

单位：万亩，%

区域	范围	管灌	喷灌	微灌	小计	比例
东北地区	辽宁、吉林、黑龙江三省以及内蒙古自治区东部	260.00	855.00	725.00	1840.00	18.40
西北地区	陕西、甘肃、青海、宁夏、新疆五省（区）以及内蒙古自治区中西部	517.00	188.00	2125.00	2830.00	28.30
华北地区	北京、天津、河北、陕西、山东、河南六省（市）	2074.00	430.00	476.00	2980.00	29.80
南方地区	长江沿岸以及长江以南的各省（区、市）	1164.00	601.00	585.00	2350.00	23.50

数据来源：由《"十三五"新增1亿亩高效节水灌溉面积实施方案》中数据整理得出。

《方案》实施后，每年可新增节水能力85亿立方米，新增粮食生产能力114亿千克，节省2.48亿工日，同时还可改善地下水超采区生态环境，提高化肥、农药使用效率，减轻面源污染程度。

按照"十三五"规划的要求，2016年《政府工作报告》提出了当年全国"新增高效节水灌溉面积2000万亩"的目标。各省、自治区、直辖市2016年高效节水灌溉建设任务如表4－5所示，其中河北、内蒙古、山东、河南、云南、甘肃、新疆和新疆生产建设兵团的高效节水灌溉建设任务量为100万亩及以上。

表4－5　2016年各地区高效节水灌溉建设任务

单位：万亩

省（区、市）	任务量	省（区、市）	任务量
北京	5.00	湖北	15.00
天津	20.00	湖南	15.00
河北	300.00	广东	5.00
山西	30.00	广西	70.00

续表

省（区、市）	任务量	省（区、市）	任务量
内蒙古	300.00	海南	3.00
辽宁	55.00	重庆	10.00
吉林	24.00	四川	20.00
黑龙江	70.00	贵州	12.00
上海	0.00	云南	120.00
江苏	25.00	西藏	0.00
浙江	25.00	陕西	40.00
安徽	15.00	甘肃	100.00
福建	8.00	青海	16.00
江西	17.00	宁夏	35.00
山东	200.00	新疆	225.00
河南	120.00	新疆生产建设兵团	100.00
全国合计			2000.00

数据来源：《水利部、国家发展和改革委员会、财政部、农业部、国土资源部关于加快推进高效节水灌溉发展的实施意见》。

截至 2016 年 12 月 10 日，2016 年全国新增高效节水灌溉面积 2145 万亩，完成了水利部牵头负责的 "新增高效节水灌溉面积 2000 万亩" 的任务，提前超额完成了《政府工作报告》提出的目标要求。大规模高效节水灌溉项目的实施，促进了农业节约用水，带动了农业节水事业发展。据水利部预测，实施高效节水灌溉建设项目后，项目实施区域内农业灌溉用水利用系数达到了 0.8 以上，与传统大水漫灌的灌溉方式相比，可节水 20% ~ 50%。项目实施后可新增年节水量 17 亿立方米，相当于 121 个西湖蓄水量。此外，高效节水灌溉的水药肥一体化的功能使农药和化肥的利用率提高了 5% ~ 20%，亩均节约劳动力 2 ~ 3 人，减少渠道占地 5% 以上，较常规灌溉田的粮食亩均增产 10% ~ 40%，显著提高了农业劳动生产率，促进了农业现代化和农业转型升级①。

二　调查区农户节水灌溉技术采用现状

（一）数据来源及调研地特征

1. 数据来源

本书数据来源于 2014 年 10 月至 11 月 "西北地区农户现代灌溉技术采用研究：社会网络、学习效应与采用效率" 课题组的农户入户调查数据。调研者主要由西北农林科技大学经济管理学院的研究生组成，并且对所有调研者均加以培训。调查采取入户访谈形式搜集数据，由农户口述、调研者填写问卷。调查内容包括农户的基本信息及家庭特征、农业生产及灌溉情况、节水灌溉技术认知及采用情况、技术推广以及社会网络五个部分。

（1）调查问卷发放情况。调查共发放问卷 500 份，回收 500 份，剔除不完整问卷及明显前后矛盾问卷，共获得有效问卷 481 份，有效率为 96.2%。调查区域覆盖甘肃民勤县的大滩乡、双茨科乡、红沙梁乡和三雷镇四个乡（镇）以及一个国有农场——勤锋农场，以拥有节水灌溉设施或者实施节水灌溉项目的村庄（队/分场）为主，共涉及 18 个村、6 个队及 2 个分场。具体调研样本分布情况见表 4-6。

（2）调查农户基本情况。调查对象主要为年龄在 16~75 周岁，没有沟通交流障碍且意识清晰、愿意积极配合的农户。

① 资料来源于水利部网站的《2016 年 "新增高效节水灌溉面积 2000 万亩" 任务提前超额完成》。

表 4 – 6   调查问卷发放情况

乡（镇）/农场	行政村/队（分场）	发放数（份）	有效数（份）	有效率（%）
大滩乡	红墙村、三坪村、下泉村、大西村、北东村	105	102	97.14
双茨科乡	小新村、红东村、二分村	60	55	91.67
红沙梁乡	建设村、孙指挥村、上王化村、花寨村、复指挥村、新沟村、华音村、西渠村、上沟村	225	224	99.56
三雷镇	三陶村	20	19	95.00
勤锋农场	六个队及两个分场	90	81	90.00

调查对象特征如下：男性为主，占 52.60%；年龄呈正态分布，以 36～50 岁具有多年务农经验的中年农户为主，占样本总量的 48.86%；主要集中于初中文化程度农户，占 40.96%；有 13.51% 的人是党员，4.99% 是村干部，99.17% 无宗教信仰；所有样本农户均从事农业生产，其中兼业者占 27.03%；样本家庭规模以 3～5 人为主，占 64.45%（见表 4 – 7）。

表 4 – 7   调查农户基本特征

单位：人，%

统计指标		样本数	比例	统计指标		样本数	比例
性别	男	253	52.60	村中职务	村干部	24	4.99
	女	228	47.40		一般村民	444	92.31
年龄	18 岁及以下	0	0.00		队长或组长	13	2.70
	19～35 岁	12	2.49	宗教信仰	基督教	2	0.42
	36～50 岁	235	48.86		伊斯兰教	0	0.00
	51～60 岁	154	32.02		其他宗教	2	0.42
	60 岁以上	80	16.63		无宗教信仰	477	99.17

续表

统计指标		样本数	比例	统计指标		样本数	比例
文化程度	文盲	77	16.01	农业生产	纯农业	351	72.97
	小学	101	21.00		纯非农业	0	0.00
	初中	197	40.96		兼业	130	27.03
	高中（含中专）	100	20.79	家庭规模	2 人及以下	50	10.40
	大专及以上	6	1.25		3～5 人	310	64.45
政治面貌	群众	416	86.49		6～8 人	115	23.91
	党员	65	13.51		8 人以上	6	1.25

2. 调研地特征

民勤县地处甘肃省河西走廊东北部，石羊河流域下游，南依武威，西毗镍都金昌，东北和西北面与内蒙古的左、右旗相接，是镶嵌在古丝绸之路要道上的一颗绿色宝石。具体地理位置在东经 101°49′41″～104°12′10″、北纬 38°3′45″～39°27′37″。东西长 206 千米，南北宽 156 千米，总面积 1.59 万平方千米。全县最低海拔 1298 米，最高海拔 1936 米，平均海拔 1400 米，由沙漠、低山丘陵和平原三种基本地貌组成[1]。

民勤属温带大陆性干旱气候区，东西北三面被腾格里和巴丹吉林两大沙漠包围，大陆性沙漠气候特征十分明显，冬冷夏热、降水稀少、光照充足、昼夜温差大，年均降水量近五年为 127.7 毫米，年均蒸发量 2623 毫米，昼夜温差 15.5℃，年均气温 8.3℃，日照时数 3073.5 小时，无霜期 162 天，特别适宜农作物生长。

一方面，地处河西走廊东北部和石羊河流域下游的民勤县，东西北三面被巴丹吉林沙漠和腾格里沙漠包围，是阻止两

---

① 资料来源：http://www.minqin.gansu.gov.cn/Category_123/Index.aspx。

大沙漠会合的重要绿色屏障；特殊的温带大陆性干旱气候和大陆性沙漠气候也使民勤县成为全国最干旱的地区之一。因此，水利发展与民勤之兴息息相关，这也是选择该地作为本书调查区域的一个主要原因。近年来，该县以创建全国节水模范县和防沙治沙示范县为目标，认真开展水利工程和节水型社会建设①，取得显著成效，截至 2014 年全县高效节水灌溉面积累计达 39.88 万亩②。

另一方面，甘肃省民勤县还是中央财政小型农田水利重点县和国家高效节水灌溉示范县。针对农田水利设施普遍年久失修、用水效率差等问题，国家设立小型农田水利工程建设补助专项资金支持各地"小农水"建设，并且 2009 年国家开始实施小型农田水利设施建设③。甘肃省民勤县即是"小农水"建设重点县之一，也是水利部认定的 6 个首批国家高效节水灌溉示范县之一。因此，选择甘肃民勤作为调研地点，具有重要理论与现实意义。

（二）农户节水灌溉技术采用行为特征分析

早在 2004 年民勤县就开始实施节水型社会建设试点方案，采取培训、示范和田间指导等方式，积极推广管道输水、膜下滴灌、小管出流、小畦灌溉、垄作沟灌、垄膜沟灌、地膜再利用免耕等农业综合节水技术，切实提高水资源利用效率。本部分利用调研数据对甘肃民勤农户节水灌溉技术应用情况做描述

① 资料来源：《构筑现代化高效节水灌溉体系——记国家高效节水灌溉示范县民勤县》，http://www.minqin.gansu.gov.cn/Item/53832.aspx。
② 资料来源：http://www.minqin.gansu.gov.cn/Item/53832.aspx。
③ 资料来源：http://baike.baidu.com/link?url=0Rb_WatYLvS9_AEYG1_NAc-wiogGeK4EJAV2rSYyBLrG17R_a9tz23ijJqJRdvyYeFnk3nMSKYZBksDbyghTe4a。

性分析。

1. 水资源稀缺性感知

通过农户直接评价水资源是否短缺和农户对水费变化、灌溉等待时间变化、用水纠纷变化的认识两方面来考察农户水资源稀缺性感知状况。

（1）农户对水资源是否短缺的认识。调研中有 370 户农户认为地表水出现不足，占调查样本的 76.92%；有 111 户认为没有出现不足，占调查样本的 23.08%。认为水资源非常稀缺的有 181 户农户，占样本的 37.63%；有 252 户农户认为水资源稀缺，占 52.39%；认为水资源一般稀缺和充足的农户分别为 31 户和 17 户，分别占样本的 6.44% 和 3.53%；无人认为水资源非常充足（见图 4 - 6）。说明大多数农户对水资源稀缺现状认识深刻，少部分农户还没有意识到日益严峻的水资源现状。

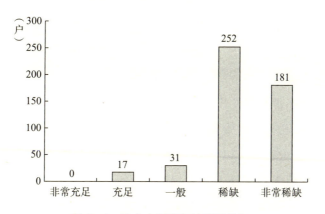

图 4 - 6　农户水资源短缺情况认知

（2）农户对水费变化、灌溉等待时间变化、用水纠纷变化的认识。问卷中通过分别设计以下问题对农户的水资源稀缺性感知做进一步调查："水费是不是越来越贵了""灌溉等待时间是不是越来越长了""村子里的偷水现象是不是越来越多了"。调查结果显示，认为水价比以前贵了很多和贵了一点的农户分别有 416 户和 49 户，共占样本总量的 96.67%；认为灌溉等待时间比以前长了很多和长了一点的农户分别为 43 户和 122 户，共占样本总量的 34.30%；认为偷水现象比以前多了很多和多了一点的农户分别为 120 户和 233 户，共占样本总量的 73.39%（见图 4 - 7）。从以上数据也可看出，农户切切实实地感受到了水资源日益稀缺的形势。

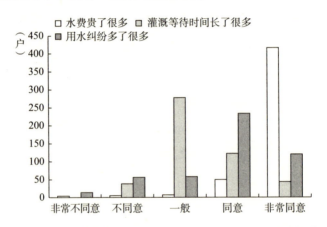

图 4 - 7　农户对水费变化、灌溉等待时间变化、用水纠纷变化的认识

2. 节水灌溉技术认知

通过农户节水灌溉技术信息获取渠道、对节水灌溉技术/政策了解程度，以及对节水灌溉技术重要性认识三个方面考察农户节水灌溉技术认知状况。

（1）节水灌溉技术信息获取渠道。调查发现，有 428 户农户听说过节水灌溉技术，占样本农户的 88.98%，说明大部分农户对节水灌溉技术有所认识。其中有 80.25% 的农户听说过低压管灌，7.69% 的农户听说过微灌，39.29% 的农户听说过喷灌，9.77% 的农户听说过渗灌，73.18% 的农户听说过滴灌，说明低压管灌和滴灌技术在民勤当地被农户广泛知道（见图 4 - 8）。

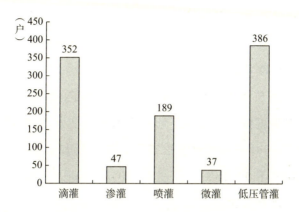

图 4 - 8　对节水灌溉种类的认知

当农户被问到是通过何种途径知道节水灌溉技术的时候，有 153 户是通过熟人推荐或其他人的选择知道的，占 35.75%；另有 173 户是通过农技部门、科研单位、合作社知道的，占 40.42%；通过商家推荐知道的农户占 1.64%；通过电视、广播、书报、网络等媒体知道的农户占 10.98%（见图 4 - 9）。可以看出，农户获取技术信息的途径主要有两个，一是熟人推

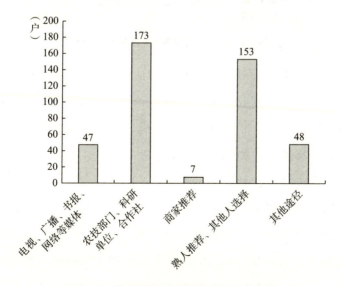

图 4 - 9　节水灌溉技术信息获取途径情况

荐、其他人选择，即农户自身社会网络；二是农技部门、科研单位、合作社，即政府推广服务。说明社会网络和政府推广服务是农户获取技术信息的两个主要渠道。

（2）对节水灌溉技术/政策的了解程度。大多数农户比较了解节水灌溉技术，非常了解和了解分别占样本的13.93%和52.18%；而对于节水灌溉政策，非常了解和了解的农户分别仅占1.04%和15.18%（见图4−10）。说明大多数农户不清楚国家节水灌溉政策。

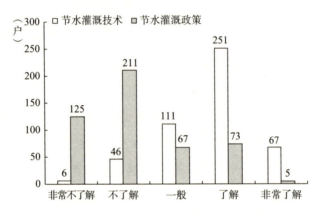

图4−10　对节水灌溉技术/政策的了解程度

（3）对节水灌溉技术重要性的认识。214户农户认为，节水灌溉技术对保障农业生产很重要，其中有23户认为节水灌溉技术对农业生产非常重要；但也有部分农户认为该技术并不重要，占样本农户的21.21%（见图4−11）。说明农户对节水灌溉技术的认识差异较大，褒贬不一。

对节水灌溉技术功能的认识如图4−12所示，认为节水灌溉技术具有节水功能的农户有318户，占样本的66.11%；具有增产功能的农户有76户，占样本的15.80%；具有增收功能的农户有47户，占样本的9.77%；具有提高生产效率

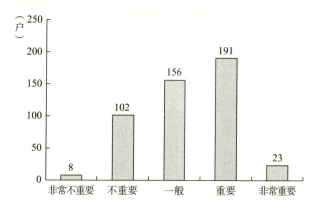

图 4 - 11 节水灌溉技术对保障农业生产的重要性

功能的农户有 136 户, 占样本的 28.27% ; 还有 13 户农户认为节水灌溉技术具有其他功能, 如节省劳动力等, 占样本的 2.70% 。

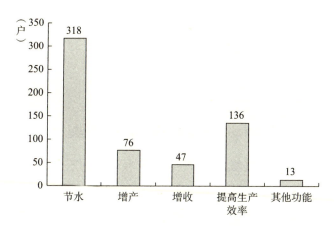

图 4 - 12 节水灌溉技术的主要功能

3. 节水灌溉技术采用意愿

本部分首先考察农户节水灌溉技术采用自愿程度, 然后对不愿采用的农户分析其不愿采用的原因, 以了解农户节水灌溉技术采用意愿。

（1）节水灌溉技术采用自愿程度。通过对节水灌溉技术采用自愿程度的调查来了解农户的技术采用倾向，结果见图 4 – 13。愿意和非常愿意采用节水灌溉技术的农户分别占 35% 和 7%，而不愿意和非常不愿意采用技术的农户分别占 35% 和 13%，两者基本持平，说明大家对节水灌溉技术的采用倾向不是很统一，还有 10% 的农户处于观望状态。

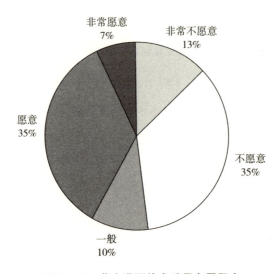

图 4 – 13　节水灌溉技术采用自愿程度

（2）节水灌溉技术不愿意采用原因。对于不愿意采用节水灌溉技术的原因如图 4 – 14 所示，土地面积小，地块分散不适用是农户不愿意采用节水灌溉技术的最主要原因；第二大原因就是节水灌溉技术的投资大，预期回报低；有 81 户和 66 户农户因为后期无人维修和后期成本高而不愿意采用节水灌溉技术；认为水源供求不确定，没必要使用节水灌溉技术的农户只有 14 户。

4. 节水灌溉技术目前采用情况

从农户节水灌溉技术的采用决策、采用程度以及节水灌溉

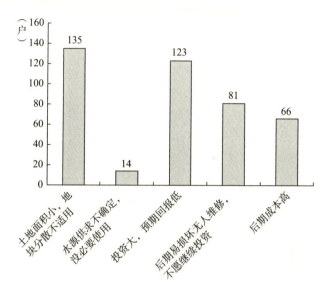

图 4 - 14　不愿意采用节水灌溉技术的原因

设施维修情况三个方面考察目前农户节水灌溉技术采用情况。

（1）采用决策。目前，在被调查者中未采用节水灌溉技术的农户有 122 户，占样本的 25.36%；采用者有 359 户。对于未采用节水灌溉技术的农户，有以下因素使得他们放弃采用节水灌溉技术：一是地块分散不适用，二是灌溉效果差，三是初始投资太大，四是增产增收不明显，五是后期投资、维护成本高，六是技术太复杂难以学会（见图 4 - 15）。

（2）采用程度。以已采用农户的采用面积占总耕地面积的比例，即农户节水灌溉技术采用率作为采用程度的表征变量，分析农户节水灌溉技术采用程度现状。对采用率以五个等间距分段统计采用者人数发现，采用程度基本呈正态分布，采用人数最多的是 0.2～0.4 段，占 28%；紧接着是 0.4～0.6 段、0.6～0.8 段、0.8～1 段，分别占采用者总数的 27%、21% 和 16%；采用率在 0～0.2 段的采用者最少，占 8%（见

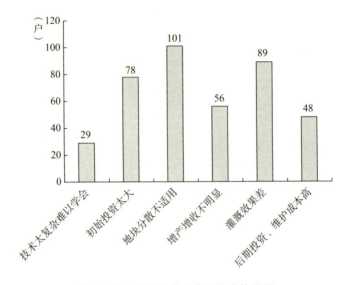

图 4 – 15　未采用节水灌溉技术的原因

图 4 – 16）。说明整体上农户节水灌溉技术采用程度偏低，高采用率农户比例较小。

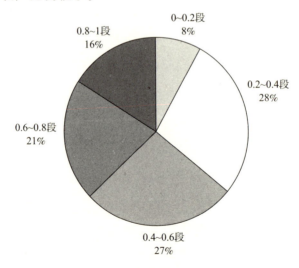

图 4 – 16　农户节水灌溉技术采用程度分布

（3）节水灌溉设施维修情况。农户是节水灌溉设施最主要的维修主体，占 48%；灌区管理局、村委会、用水者协会也承担着部分维修任务，分别占36%、6%和2%；还有8%的农户选择不维修，任由设备废弃（见图4-17）。

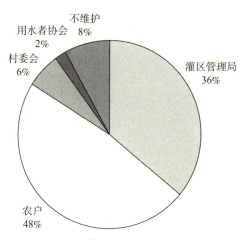

图4-17　节水灌溉设施的维修单位

在被问到节水灌溉设施维修是否及时时，46%的农户认为维修不及时，18%的农户认为维修很不及时；认为维修及时和很及时的农户分别占11%和10%（见图4-18）。

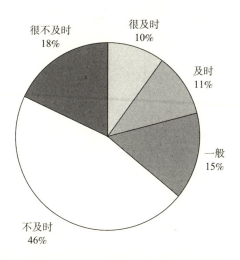

图4-18　节水灌溉设施维修及时性

5. 节水灌溉技术采用效果

从节水灌溉技术与传统漫灌技术对比，节水灌溉技术采用后水费、收入、产量变化情况，以及劳动力、水土资源、用水纠纷变化情况三方面考察节水灌溉技术采用的效果。

（1）节水灌溉技术与传统漫灌技术对比。据调查，与传统大水漫灌的方式相比，认为节水灌溉技术比传统技术好很多和好一点的农户分别为 41 户和 161 户，分别占 8.52% 和 33.47%；而认为节水灌溉技术比传统技术差很多和差一点的农户分别为 76 户和 140 户，分别占 15.80% 和 29.11%（见图 4-19）。认为节水灌溉技术好和认为传统灌溉技术好的农户大致一样，说明农户对节水灌溉技术效果的评价不是很一致。

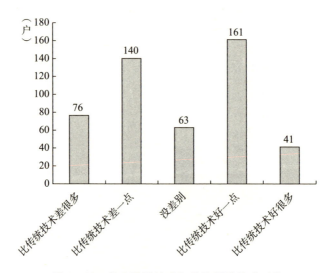

图 4-19 节水灌溉技术与传统漫灌技术对比

（2）节水灌溉技术采用后水费、收入、产量变化情况。采用节水灌溉技术后，农户对水费是否减少了、收入是否提高了、产量是否增加了这三个问题的看法如图 4-20 所示，由图可见，大部分的农户认为采用节水灌溉技术后，水费没有减少、收入没有提高、产量也未得到增加，说明节水灌溉技术的效果不是特别理想。

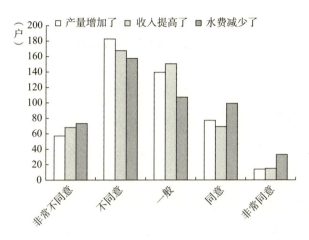

图4-20　采用节水灌溉技术后水费、收入、产量的变化情况

（3）节水灌溉技术采用后劳动力、水土资源、用水纠纷变化情况。采用节水灌溉技术后，大多数农户认为节省了劳动力，也节约了水土资源，在对于用水纠纷是否减少这个问题的回答上，出现了不一样的结果，认为减少用水纠纷的农户和没有减少用水纠纷的农户基本一致（见图4-21）。说明节水灌

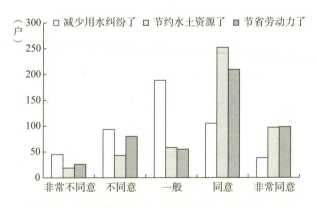

**图4-21　采用节水灌溉技术后劳动力、水土资源、
用水纠纷的变化情况**

溉技术究竟是减少用水纠纷了，还是增加用水纠纷了，目前还不确定。

三　农户节水灌溉技术采用存在的问题

节水灌溉技术具有提高水资源利用效率、降低干旱风险损失、减少农村贫困和促进农业变革的作用（Koundouri et al.，2006）。在干旱半干旱地区推广节水灌溉技术，发展节水农业对保障该区域水资源安全、实现我国粮食安全和生态安全，推动现代农业和农村经济可持续发展具有战略意义。而实际中，节水灌溉技术采用也存在诸多问题。

（一）技术适用性差

技术本身问题是农户不愿意使用节水灌溉技术的主要原因，节水灌溉技术存在技术不成熟、技术适用性差、设备质量不过关等问题。这些问题在与农户访谈中有所体现，我们以滴灌和喷灌为例进行说明。

1. 滴灌技术问题

第一，沙型地易堵设备，灌溉效果差。一方面，民勤县为沙漠地区，土壤以沙型地为主，农户大面积采用滴灌技术以后，由于水中含沙量较大，常常造成输水管道阻塞，并且土壤含沙也导致水分渗透不够、灌溉效果不明显；另一方面，民勤地区常年干旱，光照充足，蒸发量大，水分保持不足。

第二，设备设计不合理。滴灌带太长，导致灌溉不均匀，水流上游田中灌溉量过大，而水流下游田中却灌溉量不足。此外，水压较低，而田地地块较大，造成供水不足，灌溉时间过长等一系列问题。

第三，设备破损后无法更换。民勤地区农户种植作物必须先铺设地膜，滴灌带就是铺在地膜下的，从而造成滴灌带破损后无法维修，只能等到下一茬作物种植时维修或者重新更换滴灌带。

第四，设备不配套、漏水严重。部分农户反映滴灌设备不配套，导致设备存在漏水现象，田间随处可见明水流动。

第五，土地分散不适用。主要表现在两个方面：一方面，土地细碎化程度越高，管道铺设以及接口（水龙头）安装越麻烦，因此滴灌技术不适用于细碎化程度高的地块；另一方面，滴灌技术也不适用于种植作物种类较杂的土地，如果作物种类多，而各种作物种植周期、灌溉时机、灌溉用水量以及所需化肥①也不尽相同，难免造成技术不适应的情况。另据农户经验证明，滴灌技术更适合于种植棉花，其他作物次之，而最不适合种植粮食作物，尤其是小麦。

第六，采用经济成本高。一方面，节水灌溉技术属于资本密集型技术，对该技术的采用需要农户具有一定的经济基础，前期投资需要各级政府以及金融机构的支持；另一方面，在技术采用后，要做到技术长期使用，后期滴灌带更新、设备修理费用高，农户经济负担重。

第七，水费收取不合理。现有水费收取标准是按照用电量收取，并且加上最基础的水资源费，标准制定不是很合理，因为用电量与所取水的水井深浅有关，在相同用水量的情况下，

---

① 采用滴灌时，将化肥加入灌溉水中，随水流进田地，同时达到灌溉与施肥的作用。

深井用电多，水费自然就贵，而浅井用电少，水费自然就便宜。

2. 喷灌技术问题

第一，设计不合理，设备不好用。喷灌技术每 2.5 米一个喷头，每个喷头喷射半径为 1.5 米。天旱需灌溉时，排队等候时间长；喷灌水分少，要解决干旱状况，须至少喷 24 小时，且间隔两天再喷一次，但由于水少、水压不足，不能满足所有农户同时用水需求，只能排队等候，每 8 小时换一户。这样，灌溉过的并未解决旱情，且由于轮流灌溉农户较多，队末农户等待时间太长，作物早已旱死。这也加重了偷水现象的发生，比如 A 在灌溉时，B 偷偷将自家田里开关打开，这样由于水压不足，喷射范围就不足半径 1.5 米，喷地面还行，但叶面就无法顾及了，灌溉效果不能保证。

第二，设备质量差，损坏后农户无法维修。据农户反映，喷灌设备喷头易堵、主管道易破，设备质量差。此外，设备破损维修时需开水检查损坏情况，往往被周围喷头淋湿。并且主管道破损后无法维修，因为农户没有维修知识，也没有专业维修工具。

（二）政府管理不善

1. 维修方面

节水灌溉设备破损，后期维修不及时，甚至由于无人维修，荒废、废弃现象时有发生。追根究底，这反映了政府管理制度的缺失和不当。农户节水灌溉设备的维修，地上部分归农户管，地下部分（主管道）是当地政府的职责。多位农户反映，灌溉设备质量不过关，破损、漏水等现象时有发生，遇到此类问题，由于农户不懂维修知识，也没有专业工具无法维修，也不知该找谁维修，只能让设备搁置，时间长了，设备也就废弃了。

2. 推广方面

政府对于节水灌溉技术的推广采取在安装设备时对农户一次性讲解的方式。由于技术本身操作简便易行，大多数农户均可接受。在真正使用过程中，才发现有些问题没有意识到，尤其是遇到设备损坏时的紧急处理、基本的维修技术以及后期的注意事项，这些均未涉及，此时再找技术员的难度较大，只能任由设备荒废，导致农户只能在当期使用技术，而无法长期使用技术。

3. 补贴方面

农业节水的社会生态效益大于农户的经济效益，因此无论国外还是国内，政府对农业节水均有一定程度的扶持政策，此举既有利于提高农户积极性，也有利于全社会用水安全。然而现实中，节水技术补贴不到位，农户技术采用激励不足，农户技术采用积极性不高。若政府能从农户角度出发，在资金上给予节水灌溉技术采用以支持，在金融政策上对采用节水灌溉技术的农户给予倾斜，对采用了节水灌溉技术的农户给予奖励，将大大有益于推动农业节水灌溉技术的扩散以及农业节水事业的发展。

（三）农户意识薄弱

农户群体自身具有局限性，此外每个农户由于经济状况、受教育程度、信息渠道、风险偏好等情况各不相同，其对农业技术采用认识也不同。还以滴灌技术在民勤的采用为例，农户技术采用中存在的意识不足问题主要体现在以下方面。

1. 化肥纠纷

采用滴灌技术需要事先将化肥融于化肥池内，化肥将沿着水流流向田地，从而达到灌溉与施肥的目的。农户田地连成一片，经常是好几户甚至一片地的所有农户共同使用一个化肥池，农户担心自家化肥是否完全施于自己田里、这种机制是否公平，各种猜忌心理导致技术无法长期使用。

2. 用水纠纷

当被问到"采用节水灌溉技术后当地用水纠纷是否减少"时，部分农户回答"不仅没减少，反而增多了"，细问之下才发现，干旱时期政府采用灌溉水配额管理的方式，流域周围村庄给予特定时间灌溉。由于灌溉最佳时机与安排的灌溉时间存在差异，而且排队等候时间较长，加上水压较小、灌溉效果差，因此存在某些农户在别人灌溉时通过破坏灌溉设施、偷偷扎破管道的方式偷水的现象，甚至有地表出现明水。这样做的结果是正在灌溉的农户的灌溉效果无法保障，而偷水农户也并未完成灌溉，因此用水纠纷产生。

四 本章小结

本章分析了中国节水灌溉技术推广现状；介绍了本书所使用数据的来源以及调研地的特点；描述性分析了甘肃民勤农户节水灌溉技术采用现状；指出了目前节水灌溉技术采用所存在的问题，结果发现：目前农户水资源稀缺性感知强烈；大多数农户听说过节水灌溉技术，并对节水灌溉技术的功能具有一定认识，多数农户了解节水灌溉技术却不清楚节水灌溉政策，农户主要通过社会网络和政府推广服务两种途径知道节水灌溉技术；对于农户节水灌溉技术采用意愿，愿意采用的农户和不愿意采用的农户基本相当，不愿意采用的最主要原因是土地分散不适用；目前有25.36%的农户没有采用节水灌溉技术；农户是节水灌溉设施最主要的维修主体，有近一半的农户认为节水灌溉设备维修不及时；使用节水灌溉技术后水费没有减少、收入没有提高、产量也未得到增加，但使用节水灌溉技术后节省劳动力了、节约水土资源了。农户节水灌溉技术主要存在的问题包括技术适用性差、政府管理不善和农户意识薄弱三个方面。

▶第五章
社会网络对农户节水灌溉技术
采用影响关系分析

社会网络对农户节水灌溉技术采用的影响关系、影响路径分析，以及社会网络与推广服务对农户节水灌溉技术采用的交互影响分析是本书的三大主要部分，本章主要目标是社会网络对农户节水灌溉技术采用的影响关系分析。有关社会网络对农户节水灌溉技术采用影响关系问题的回答，对于拓展农业技术推广服务路径，解决农户技术需求反应弱的问题，提高节水灌溉技术采用效率，具有重要理论意义与现实意义。

一 问题的提出

我国农户农业技术信息获取渠道呈现多元化，但就目前而言，"自我摸索"和"亲戚朋友"依然是农户农业技术获取的主要渠道，利用农技人员等渠道获取农业技术信息还相当有限（张雷等，2009）。已有研究证实，社会网络的信息渠道和学习功能在农户技术采用过程中起到关键作用（Genius et al.，2014）。农户通过社会互动获取技术信息，修正技术预期收益，做出采用决策。但是关于社会网络与农业技术采用之间的关系，理论界尚未取得一致的看法，可归纳为三种主要观点。一是社会网络与农户技术采用的影响关系是线性、正向相关关系。农户交流和获取信息渠道有限，大部分农户处于不完全信息环境状态。对新技术的不完全信息抑制农户技术采用行为，而农户通过社会网络进行学习可有效减少不确定性（Besley and Case，1993；Foster and Rosenzweig，1995）。社会网络具有高密集度和较短的传播路径，能够提高技术扩散速率（Watts and Strogatz，1998）。二是社会网络与农户技术采用的影响关系是线性、负向相关关系。社会网络信息外部性导致的决策延误，将推迟采用新技术（Bardhan and Udry，1999；Hausman and Rodrik，2003）。三是社会网络与农户技术采用的影响关系是非线性的倒 U 型关系。一方面，一个更大的网络可能表明更多的信息交流，获得更多的技术信息（Fafchamps and Lund，2003），因此，可能会鼓励采用。另一方面，一个更大的网络也可能意味着从个人经验获得信息是昂贵的，信息外部性使得农户可以依靠"搭便车"获得网络中其他成员的经验，因此，鼓励推迟采用新技术（Behrman et al.，2001；Bandiera and Rasul，2006）。

我国是一个以血缘、亲缘、地缘和业缘关系交织在一起的社会网络特征明显的国度，社会网络在农户技术采用决策中扮演着重要角色。那么，在以亲疏差序原则为行为取向的"差序格局"（费孝通，1948）下，社会网络如何对农户节水灌溉技术采用产生影响？社会网络与农户节水灌溉技术采用存在何种影响关系？这些问题的回答，对于拓展农业技术推广服务路径，解决农户技术需求反应弱的问题，提高农户节水灌溉技术采用效率，具有重要理论意义与现实意义。

基于此，本章以甘肃民勤农户微观调查数据，实证检验社会网络与农户节水灌溉技术采用的影响关系。与以往研究相比，本章独特之处在于：第一，使用分位数回归检验社会网络及各维度社会网络指标与农户节水灌溉技术采用间的非线性关系，揭示社会网络影响农户节水灌溉技术采用的内在机理；第二，运用门槛回归模型对社会网络与农户节水灌溉技术采用间的非线性关系进行稳健性检验，增强实证结果可靠性。

二 社会网络对农户技术采用影响关系分析的理论框架构建

自 Griliches（1957）开农业技术采用研究的先河以来，农业技术采用引起国内外学者广泛关注。以往研究更多的是将焦点放在农户技术采用的影响因素分析上，实证表明，性别、年龄、收入、耕地禀赋、土地规模、机会成本、风险与不确定性、人力资本、劳动力可使用性、种植制度等影响农户技术采用行为（Feder et al.，1985；Rogers，1962；胡瑞法等，2005；方松海、孔祥智，2005；张兵、周彬，2006；唐博文等，2010；Yamamura，2012；李想、穆月英，2013）。除了影响技术采用共性因素外，水价、用水制度、初始资产、信贷约束、灌溉设备成本等因素也影响农户节水灌溉技术的采纳行为（Wang and Reardon，2008；Genius et al.，2014）。传统观点将农户技术采用看作一次性采用过程，即采用或不采用，应用二元离散模型（如 Logistic 模型）分析其影响因素，这种假设与事实并不符（Besley and Case，1993；Conley and Udry，2010），现实中农户技术采用可能表现为一个连续的或"逐步的"过程（Ma and Shi，2011），即农户技术采用是动态学习过程（Genius et al.，2014），农户通过"干中学"（learning by doing）和社会学习（learning from others）逐步修正自己对技术的评价，做出采用决策。

在不同采用阶段，社会网络对农户技术采用的促进作用呈现不同关系。

在新技术引进之初，农户对农业技术不甚了解，其特征并不被所有农户所熟知（Evenson and Westphal，1995）。若农户社会网络拥有众多技术采用者，新加入者向其他采用者学习，通过社会网络的信息获取，交流学习、掌握技术使用方法，通过竞相模仿加快技术采用进程、促使农户技术采用率提高。研究发现，社会网络是一种有效降低风险冲击的机制（Fafchamps and Lund，2003）。对新技术的不完全信息抑制农户技术采用行为，而农户通过网络互动获取技术信息进行学习可有效减少不确定性（Besley and Case，1993；Foster 和 Rosenzweig，1995），促使农户采用新技术。而现代经济社会中，社会网络成员间的关系是合作、联合及协调的互惠关系，而非权力与控制的关系（Andreoni and Miller，1993；Fehr and Gacher，2000）。社会网络中个人追求自身利益的同时，会兼顾他人利益，从而实现自身利益、他人利益以及组织利益的共同改进（谢洪明等，2011）。农户利用他人经验、知识积累的同时，也会提供给其他成员有用信息，使其少走弯路，这种互惠关系有利于技术推广与扩散。信任可减少交易成本、促进合作，并且可以减少、干预或纠正不诚实行为（Harvey and Sykuta，2005），降低甚至消除契约的需要（Klein-Woolthuis，1999）。

农户与其家人及朋友间的社会网络是在长期强烈责任感下形成的，体现了相互信任，是最不容易解开的（Granovetter，1985）。研究证明，社会网络是农户农业技术信息最有说服力的来源（BenYishay and Mobarak，2013）。Foster 和 Rosenzweig（1995）通过研究发现，朋友及邻居是农户施肥信息的重要来源。因此，在技术采用初期，农户社会网络对技术采用的促进作用具有加强的趋势。

当农户技术采用率达到一定程度时，农户对新技术认知加强，有关技术的简单知识已经掌握，简单照搬他人做法已不能提高技术效率，需通过亲身实践甄别他人经验（杨卫忠，2015）。农户从学习模仿过渡到了在实践中提高阶段，农户逐渐由"向他人学习"变为在"干中学"积累知识（Thornton and Thompson，2001），相应地，社会网络的技术采用率的增加作用减缓。一方面，Ma 和 Shi（2011）的研究证明了这一点，他以美国大豆产业转基因技术为例，考察了"干中学"和社会学习两种途径对技术采用的影响，发现"干中学"（亲身实践）对农户决策行为影响更大。另一方面，由于信息具有外部性，信息获取不充分、信息识别能力差，也可能导致农户不恰当的技术使用，丧失对技术的信心，从而削弱农户技术采用热情。Bandiera 和 Rasul（2006）通过莫桑比克北部农户新向日葵种子采用的研究发现，拥有更多信息的农户对他人技术采用决策并不敏感。加之随着农户采用率不断提高，农户间共享技术信息的互惠关系越来越不明显，因为基本技能大家已掌握，而更加核心深刻的技术经验很难获得，互惠分享当然较少；此外，也由于农户群体的局限性，高深经验难能可贵，更是不愿分享，因而导致网络互惠对农户技术采用促进作用的减少。还有亲疏差序格局下的网络信任关系将带来机会成本的增加，以及农户技术操作上的盲从效应，并不利于技术扩散。因此，在技术采用后期，农户社会网络对技术采用的促进作用减弱。

综上分析可知，社会网络对农户技术采用的促进作用具有先加强后减弱的趋势，即社会网络影响农户技术采用的关系是典型的倒 U 型关系。

三　变量说明

1. 因变量：采用率

要探索农户不同技术采用阶段，社会网络对农户节水灌溉技术采用的影响关系问题，必须找出区分不同采用阶段的办法。本章以农户节水灌溉技术采用的土地面积占总耕地面积的比例，即技术采用率作为农户节水灌溉技术采用不同阶段的度量指标：如采用率较低，则农户处于节水灌溉技术采用初期；如采用率较高，则农户处于节水灌溉技术采用后期。在本章中把节水灌溉技术采用率作为因变量，应用分位数回归方法检验社会网络影响农户节水灌溉技术采用的倒 U 型关系。

2. 社会网络

社会网络是本章研究的核心变量，社会网络指标体系及测度见第三章。本章中将 SN 作为社会网络指标值符号，为了简便起见，采用 f_1、f_2、f_3、f_4 分别代表社会网络四个维度即网络学习、网络信任、网络互动、网络互惠的指标值。

3. 其他变量

（1）用水环境。在现代农业生产中，政府推广服务在农业技术采用中发挥着主渠道的作用（朱希刚、赵绪福，1995），因此选取政府推广服务来反映农户节水灌溉技术采用的政策环境，政府推广力度越大，则农户节水灌溉技术采用率越高。用水纠纷的多少能反映水资源的稀缺性，以及农户对高效用水技术和公平用水环境的渴望，引入此变量表征农户节水灌溉技术采用的社区环境，用水纠纷越多，农户节水灌溉技术采用率越高。

（2）农户个体特征。农户个体特征包括性别、年龄、受教育程度等，是影响农户技术采用的重要因素，这一点在很多文献中已经得到证明（Feder et al.，1985；Rogers，1962；曹建民等，2005；方松海、孔祥智，2005；张兵、周彬，2006；唐博文等，2010；Yamamura，2012；李想、穆月英，2013）。与女性相比，男性对节水技术知识了解更多，更倾向于采用；农户年龄越大，接受新事物能力越差，技术采用率越低；农户受教育程度越高，越了解节水灌溉技术的重要性，其采用倾向更强。此外，研究还发现，风险偏好在农户技术采用决策中扮演了重要角色（Feder，1980；王阳、漆雁斌，2010），因此本章借鉴陆文聪、余安（2011）的做法，用"对于一项新型农业技术的采用态度是有技术马上采用（风险偏好型）？还是看看效果再采用（风险中立型）？还是周围人都采用了我再采用（风险规避型）？"来反映农户风险偏好，纳入农户个体特征中。

（3）农户家庭特征。农户家庭特征包括农户的种植收入、非农收入比例、耕地面积、灌溉支出比例、土地细碎化程度。其中，农户的种植收入越高，对农业生产越倚重，其节水灌溉技术采用率越高；农户非农收入比例越高，农业收入对其影响越小，其节水灌溉技术采用积极性越差，采用率也就相应地越低；农户耕地面积越大，对节水灌溉技术需求越旺盛，其技术采用率也越高；农户灌溉支出比例越大，说明农业用水负担越重，对高效节水技术越渴望，农户节水灌溉技术采用率就越高；根据调研中与农户交流发现，由于技术本身特性，节水灌溉技术在实际应用中更适宜在大块田地中采用，土地细碎化程度越高，则农户采用积极性越差。因此本章借鉴吕晓等（2011）、King 和 Burton（1982）的做法，以农户家庭耕地块数作为土地细碎化的简化指标，将其引入模型中。本章变量说明如表5－1所示。

表5－1　社会网络对农户节水灌溉技术采用影响关系研究的变量说明

	变量名称	说明	均值	标准差
因变量	采用率 y	技术采用面积占总耕地面积的比重	0.5064	0.2506
	社会网络			
	社会网络 SN	$[0,1]$	—	—
	社会网络维度			
	网络学习 f_1	$[0,1]$	—	—
	网络信任 f_2	$[0,1]$	—	—
	网络互动 f_3	$[0,1]$	—	—
	网络互惠 f_4	$[0,1]$	—	—
	用水环境			
自变量	推广服务 x_1	1 = 政府推广过；0 = 政府未推广	0.9106	0.2856
	用水纠纷 x_2	1 = 没有；2 = 很少；3 = 一般；4 = 多；5 = 很多	3.8000	1.0487
	家庭特征			
	种植收入 x_3	以实际调查为准（单位：万元）	5.1077	9.7792
	非农收入比例 x_4	非农收入占总收入比重	0.2646	0.2919
	耕地面积 x_5	以实际调查为准（单位：亩）	18.9626	14.7794
	土地细碎化程度 x_6	耕地块数	8.5917	4.7197
	灌溉支出比例 x_7	灌溉支出占农业支出比重	0.3184	0.1751

	变量名称	说明	均值	标准差
自变量	个体特征			
	性别 x_8	1 = 男；0 = 女	0.7360	0.4413
	年龄 x_9	以实际调查为准（单位：岁）	51.8358	8.9191
	受教育程度 x_{10}	1 = 不识字；2 = 小学；3 = 初中；4 = 高中（含中专）；5 = 大专及以上	2.7089	1.0158
	风险偏好 x_{11}	1 = 风险偏好型；2 = 风险中立型；3 = 风险规避型	2.106	0.6545

四　社会网络对农户节水灌溉技术采用影响关系的实证检验

（一）社会网络影响农户节水灌溉技术采用率的影响因素分析

以农户节水灌溉技术采用率为因变量，分别以社会网络和社会网络各维度为自变量做回归分析，表 5 - 2 给出了农户节水灌溉技术采用的影响因素分析结果，其中模型 1 与模型 2 是通过 OLS 回归所得，模型 3 与模型 4 是通过 Tobit 回归所得。

回归结果表明，整体上（模型 1）社会网络对农户节水灌溉技术采用率具有显著的正向作用，随着社会网络的累积，农户节水灌溉技术采用率将显著提高。从各维度（模型 2）来看，社会网络四个维度均对农户节水灌溉技术采用具有正向作用，且各维度均通过 1% 水平的显著性检验。进一步分析发现，不同维度社会网络对农户节水灌溉技术采用的影响程度并不相同，网络学习的影响程度最大，网络信任影响程度次之，然后是网络互动，最后是网络互惠。

表 5 - 2　社会网络影响农户技术采用的影响因素分析

自变量	符号	模型 1	模型 2	模型 3	模型 4
		系数	系数	系数	系数
社会网络	SN	0.2628***	—	0.2628***	—
		(0.0241)	—	(0.0238)	—
网络学习	f_1	—	0.0990***	—	0.0990***
		—	(0.0105)	—	(0.0103)
网络信任	f_2	—	0.0867***	—	0.0867***
		—	(0.0172)	—	(0.0170)
网络互动	f_3	—	0.0395***	—	0.0395***
		—	(0.0143)	—	(0.0141)
网络互惠	f_4	—	0.0306***	—	0.0306***
		—	(0.0101)	—	(0.0099)
推广服务	x_1	0.0119	0.0086	0.0119	0.0086
		(0.0350)	(0.0348)	(0.0345)	(0.0342)
用水纠纷	x_2	0.0071	0.0095	0.0071	0.0095
		(0.0095)	(0.0097)	(0.0094)	(0.0096)
种植收入	x_3	0.0013	0.0010	0.0013	0.0010
		(0.0011)	(0.0011)	(0.0011)	(0.0011)
非农收入比例	x_4	0.0059	0.0187	0.0059	0.0187
		(0.0346)	(0.0348)	(0.0341)	(0.0342)
耕地面积	x_5	0.0025***	0.0027***	0.0025***	0.0027***
		(0.0007)	(0.0007)	(0.0007)	(0.0007)
土地细碎化程度	x_6	-0.0031	-0.0028	-0.0031	-0.0028
		(0.0022)	(0.0022)	(0.0021)	(0.0021)
灌溉支出比例	x_7	0.1162**	0.1215**	0.1162**	0.1215**
		(0.0572)	(0.0571)	(0.0565)	(0.0562)
性别	x_8	0.0455*	0.0495**	0.0455*	0.0495**
		(0.0245)	(0.0246)	(0.0241)	(0.0242)

续表

自变量	符号	模型 1	模型 2	模型 3	模型 4
		系数	系数	系数	系数
年龄	x_9	0.0005	−0.0003	0.0005	−0.0003
		(0.0012)	(0.0013)	(0.0012)	(0.0013)
受教育程度	x_{10}	−0.0004	0.0015	−0.0004	0.0015
		(0.0113)	(0.0112)	(0.0111)	(0.0110)
风险偏好	x_{11}	0.0271 *	0.0246	0.0271 *	0.0246
		(0.0152)	(0.0152)	(0.0150)	(0.0150)
_cons		0.2997 ***	0.3241 ***	0.2997 ***	0.3241 ***
		(0.0964)	(0.0965)	(0.0950)	(0.0949)
R^2		0.3057	0.3182	—	—
Adj R^2		0.2879	0.2962	—	—
Pseudo R^2		—	—	5.3880	5.7483

注：① * 、 ** 、 *** 分别表示在 10%、5%、1% 的水平上显著；②括号中为标准差。

由回归结果还发现，耕地面积、灌溉支出比例、性别、风险偏好这四个因素对农户节水灌溉技术采用的影响显著且符号为正，符合预测方向，说明耕地面积越大、灌溉支出比例越高，农户越倾向于采用节水灌溉技术；相比于女性，男性更易于采用节水灌溉技术；相比于风险规避型农户，风险偏好型农户更乐于接受新鲜事物，其节水灌溉技术采用率也越高。

（二）社会网络指数对农户节水灌溉技术采用率的影响关系分析

表 5-3 给出了社会网络影响农户节水灌溉技术采用的 0.1、0.2、0.3、0.4、0.5、0.6、0.7、0.8、0.9 个分位点的回归结果。

表5-3 社会网络指数影响农户节水灌溉技术采用的分位数回归结果

因变量：农户节水灌溉技术采用率

自变量	$q=0.1$	$q=0.2$	$q=0.3$	$q=0.4$	$q=0.5$	$q=0.6$	$q=0.7$	$q=0.8$	$q=0.9$
SN	0.1474***	0.2520***	0.2870***	0.3413***	0.3651***	0.3912***	0.3671***	0.3510***	0.2823***
x_1	0.0211	0.0083	0.0031	0.0061	0.0184	0.0329	0.0410	-0.0353	-0.0135
x_2	-0.0015	-0.0113	0.0041	0.0092	0.0219*	0.0139*	0.0184**	0.0121	0.0179
x_3	0.0032**	0.0021	0.0014	0.0014	0.0008	0.0001	-0.0002	-0.0004	-0.0008
x_4	0.0652	0.0346	0.0308	0.0477	0.0081	-0.0100	-0.0049	-0.0209	-0.0674
x_5	0.0046***	0.0033***	0.0029***	0.0024***	0.0016***	0.0006	0.0005	0.0003	0.0022*
x_6	-0.0045*	-0.0030	-0.0024	-0.0030*	-0.0026	-0.0013	-0.0020	0.0005	0.0027
x_7	0.1069	0.0388	0.0074	0.0104	0.0430	0.0264	0.1140	0.0902	0.3192**
x_8	-0.0021	-0.0047	0.0211	0.0268	0.0276	0.0212	0.0495*	0.0361	0.0300
x_9	0.0015	0.0011	0.0000	-0.0001	0.0015	0.0018*	0.0002	-0.0002	-0.0018
x_{10}	0.0214**	0.0244*	0.0216	-0.0036	-0.0033	-0.0060	-0.0118	-0.0202*	-0.0327
x_{11}	0.0018	0.0014	0.0117	0.0011	0.0144	0.0112	0.0348	0.0394*	0.0345
_cons	-0.0146	0.1609	0.2344*	0.3718***	0.2962***	0.3674***	0.4085***	0.5763***	0.6693***
Pseudo R^2	0.1178	0.1721	0.2037	0.2301	0.2531	0.2711	0.2646	0.2350	0.1550

注：*、**、***分别表示在10%、5%、1%的水平上显著。

由表中数据可知：社会网络（*SN*）对农户节水灌溉技术采用的影响在 9 个分位点上均通过了 1% 水平的显著性检验，具有明显的正向作用；从影响程度来看，社会网络指数在各分位点的影响并不一致，总体上呈现倒 U 型关系，具体而言，在 0.1~0.6 分位点上影响程度缓慢增大，在 0.6 分位点上达到最大，之后慢慢下降，说明社会网络指数对中等采用率水平的农户影响最大。社会网络指数对农户节水灌溉技术采用的影响关系也可从图 5-1 中得出，该图是由社会网络指数与农户技术采用率的 9 个分位点的分位数回归系数连接而成，图中 9 个系数先增大后减小，0.6 分位点是系数最大点，即曲线极大值点，两者间呈现典型的倒 U 型关系。可能的原因是，当处于较低的技术采用率时，农户对农业技术学习不甚了解，通过社会网络获取信息，交流学习掌握技术使用方法，通过竞相模仿促使农户提高节水灌溉技术采用率。当农户技术采用率达到一定程度时，有关技术的简单知识已经掌握，农户从学习模仿过渡到了在实践中提高的阶段，农户逐渐由向他人学习变为在"干中学"积累知识，相应地，社会网络对技术采用率的增加作用减缓。以上结果说明，社会网络指数与农户技术采用间存在典型的倒 U 型关系。

除社会网络以外，我们还重点关注了推广服务、用水纠纷和土地细碎化程度三个变量对农户节水灌溉技术的影响。从表 5-3 可以看出，推广服务（x_1）对农户节水灌溉技术采用的影响在各个分位点上均不显著，这主要是由于当前我国政府推广模式效率低下，不能有效解决农户需求反应弱的问题，但是其系数在 0.1~0.7 分位点上为正，这意味着推广服务对于采用率处于中低水平的农户具有正向的方向性作用。用水纠纷

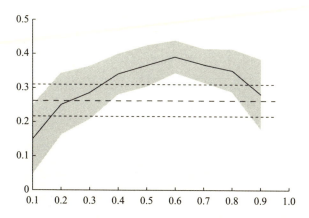

图 5 - 1 社会网络指数影响农户节水灌溉技术采用的分位数回归系数变化情况

在一定意义上反映了水资源稀缺程度，用水纠纷（x_2）对农户节水灌溉技术采用的影响在 0.5 ~ 0.7 分位点上显著为正，说明水资源稀缺程度越高，农户越愿意采用节水灌溉技术。土地细碎化程度（x_6）影响方向为负，意味着现行土地分配格局制约着农户农业节水灌溉技术采用，促进土地流转和集中经营有利于节水灌溉技术采用和扩散。

（三）社会网络维度对农户节水灌溉技术采用率的影响关系分析

表 5 - 4 给出了社会网络各维度影响农户节水灌溉技术采用的 0.1、0.2、0.3、0.4、0.5、0.6、0.7、0.8 和 0.9 个分位点的回归结果。社会网络四个维度对农户节水灌溉技术采用均具有正向作用，网络学习和网络信任在每个分位点上均通过显著性检验；网络互动在 0.3 ~ 0.8 分位点通过显著性检验；网络互惠从 0.4 分位点开始均影响显著。但各维度的影响程度及影响路径各不相同，网络学习、网络信任以及网络互动这三个

表 5 - 4 社会网络各维度影响农户节水灌溉技术采用的分位数回归结果

因变量：农户节水灌溉技术采用率

自变量	$q=0.1$	$q=0.2$	$q=0.3$	$q=0.4$	$q=0.5$	$q=0.6$	$q=0.7$	$q=0.8$	$q=0.9$
f_1	0.0547***	0.0954***	0.1114***	0.1195***	0.1312***	0.1337***	0.1306***	0.1257***	0.1102**
f_2	0.0890***	0.0920***	0.1038***	0.1127***	0.1041***	0.1058***	0.1017***	0.0896***	0.0614**
f_3	0.0071	0.0241	0.0552***	0.0705***	0.0692***	0.0806***	0.0730***	0.0779***	0.0412
f_4	0.0128	0.0010	0.0163	0.0306**	0.0442***	0.0454***	0.0456***	0.0488***	0.0511**
x_1	0.0007	-0.0080	0.0050	0.0077	0.0114	0.0363	0.0306	-0.0100	-0.0818
x_2	-0.0045	0.0072	0.0068	0.0094	0.0122	0.0103	0.0197**	0.0155**	0.0330*
x_3	0.0029	0.0019**	0.0015	0.0014	0.0004	0.0000	-0.0002	-0.0007	-0.0014
x_4	0.0771	0.0394	0.0613	0.0564	0.0051	0.0095	-0.0011	-0.0188	-0.0729
x_5	0.0043***	0.0039***	0.0032***	0.0027***	0.0015*	0.0010	0.0006	0.0006	0.0035*
x_6	-0.0033	-0.0032	-0.0023	-0.0030	-0.0021	-0.0009	-0.0018	0.0000	0.0027
x_7	0.1197*	0.0680	0.0505	0.0586	0.0448	0.0126	0.1075	0.1172	0.2920**
x_8	-0.0041	0.0206	0.0372*	0.0352	0.0382	0.0408	0.0506**	0.0370	0.0280
x_9	0.0014	-0.0001	-0.0012	-0.0008	0.0004	0.0012	-0.0003	-0.0005	-0.0013
x_{10}	-0.0342***	-0.0255*	0.0109	-0.0004	-0.0027	-0.0067	-0.0091	-0.0188	-0.0158
x_{11}	0.0081	0.0167	0.0126	0.0098	0.0028	0.0069	0.0324*	0.0462**	0.0666**
_cons	-0.0413	0.1249	0.2774***	0.3520***	0.3928***	0.3841	0.4322***	0.5326***	0.5486**
Pseudo R^2	0.1364	0.1880	0.2175	0.2388	0.2615	0.2780	0.2720	0.2406	0.1658

注：*、**、***分别表示在10%、5%、1%的水平上显著。

维度对农户节水灌溉技术采用的影响均具有先增大再减小的特征，呈现倒 U 型关系；网络互惠则对农户技术采用的正向作用影响处于逐渐增加的过程中。具体影响路径可参见图 5－2，图中（a）、（b）、（c）、（d）分别为网络学习、网络信任、网络互动、网络互惠影响农户节水灌溉技术采用的分位数系数变化情况。

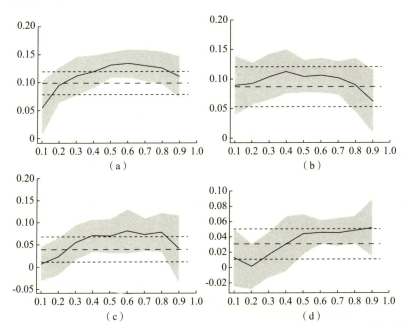

**图 5－2　社会网络四个维度影响农户节水灌溉技术采用的
分位数回归系数变化情况**

网络互惠与农户节水灌溉技术采用之间的正向关系是增强的，主要原因在于现代经济社会中，社会网络成员间的关系是合作、联合及协调的互惠关系，而非权力与控制的关系（Andreoni and Miller，1993；Fehr and Gacher，2000）。社会网络中个人追求自身利益的同时，会兼顾他人利益，从而实现自身利益、他人利益以及组织利益的共同改进（谢洪明等，2011），即网络互惠。农户在技术采用过程中，利用他人经验、知识累积的同时，也提供给其他成员有用信息，使其少走弯路，这种互惠关系有利于技术推广与扩散。

那么为什么网络学习、网络信任和网络互动与农户节水灌溉技术采用的影响关系是倒 U 型的？

新技术在引进之初，其特征并不被所有农户所熟知（Evenson and Westphal，1995）。若农户社会网络拥有众多技术采用者，新加入者通过向其他采用者学习，从而加快技术采用进程。然而技术采用后期，农户对新技术认知增强，简单照搬他人做法已不能提高技术效率，需通过亲身实践甄别他人经验，因此在技术采用后期网络学习的影响作用慢慢减小。Ma 和 Shi（2011）的研究证明了这一点，他们以美国大豆产业转基因技术为例，考察了"干中学"和社会学习两种途径对技术采用的影响，发现"干中学"（亲身实践）对农户决策行为影响更大。

网络信任可减少交易成本、促进合作，并且可以减少、干预或纠正不诚实行为（Harvey and Sykuta，2005），降低甚至消除契约的需要（Klein - Woolthuis，1999）。农户与其家人及朋友间的社会网络是在长期强烈责任感下形成的，体现了相互信任，是最不容易解开的（Granovetter，1985）。研究证明，社会网络是农户农业技术信息最有说服力的来源（BenYishay and Mobarak，2013）。Foster 和 Rosenzweig（1995）通过研究发现，朋友及邻居是农户施肥信息的重要来源。然而亲疏差序格局下的网络信任关系将带来机会成本的增加，以及农户技术操作上的盲从效应，并不利于技术扩散。

研究发现，社会网络是一种有效降低风险冲击的机制

（Fafchamps and Lund，2003）。对新技术的不完全信息抑制农户技术采用行为，而农户通过网络互动获取技术信息进行学习可有效减少不确定性（Besley and Case，1993；Foster and Rosenzweig，1995）。然而，信息具有外部性，信息获取不充分、信息识别能力差，也可能导致农户不恰当的技术使用，丧失对技术的信心，从而降低农户技术采用热情。Bandiera 和 Rasul（2006）通过莫桑比克北部农户新向日葵种子采用的研究发现，拥有更多信息的农户对他人技术采用决策并不敏感。这也可能正是网络互动与农户节水灌溉技术采用呈倒 U 型关系的原因。

五　稳健性检验

（一）门槛回归模型介绍

通过采用门槛回归模型对社会网络指数以及社会网络维度与农户节水灌溉技术采用之间存在的倒 U 型关系进行稳健性检验。

门槛模型（Hansen，1999）基本思想如下。

建立门槛回归模型：

$$
\begin{cases}
y_i = \theta_1 x_i + \varepsilon_i, q_i \leqslant \gamma \\
y_i = \theta_2 x_i + \varepsilon_i, q_i > \gamma
\end{cases}
\tag{1}
$$

式中，y_i 是因变量，x_i 是自变量，q_i 是门槛变量，γ 是门槛变量的结构变化点。如果原假设 $H_0 : \theta_1 = \theta_2$ 成立，则说明不存在门槛效应，否则反之。Hansen（1999）通过"自抽样法"（Bootstrap）获取 Bootstrap P 值来进行门槛效应的假设检验。

在确定了门槛变量的情况下，置信区间显著性水平可通过似然比 LR 检验零假设 $H_0 : \gamma = \hat{\gamma}$（1% 显著性水平下临界值为 10.59，5% 显著性水平下临界值为 7.35，10% 显著性水平下临界值为 6.53）。

应用门槛回归模型，得到嵌入社会网络指数和嵌入社会网络各维度的门槛回归模型如下所示：

$$
\begin{cases}
y_i = \theta_1 SN_i + \beta x_{ij} + \varepsilon_i, SN_i \leq \gamma \,; j = 1,2,\cdots,11 \\
y_i = \theta_2 SN_i + \beta x_{ij} + \varepsilon_i, SN_i > \gamma \,; j = 1,2,\cdots,11
\end{cases} \tag{2}
$$

$$
\begin{cases}
y_i = \alpha_1 f_{i1} + \cdots + \theta_1 f_{ik} + \cdots + \alpha_4 f_{i4} + \beta x_{ij} + \varepsilon_i, f_{ik} \leq \gamma \,; j = 1,2,\cdots,11 \\
y_i = \alpha_1 f_{i1} + \cdots + \theta_2 f_{ik} + \cdots + \alpha_4 f_{i4} + \beta x_{ij} + \varepsilon_i, f_{ik} > \gamma \,; j = 1,2,\cdots,11
\end{cases} \tag{3}
$$

式（2）为社会网络指数影响农户节水灌溉技术采用的门槛回归模型，其中 SN_i 为门槛变量；式（3）为社会网络各维度影响农户节水灌溉技术采用的门槛回归模型，f_{ik} 为门槛变量。两式中 y_i 为农户 i 的节水灌溉技术采用率；SN_i 为社会网络指数；$f_{i1},\cdots,f_{i4}$ 为该农户社会网络四个维度指数；$x_{i1},\cdots,x_{i11}$ 为其他影响农户节水灌溉技术采用的因素。

（二）门槛回归模型结果

分别以社会网络指数和社会网络各维度为门槛变量检验社会网络与农户节水灌溉技术采用之间是否存在结构变化，所得结果如表 5 - 5 所示。

由表中数据可知：以社会网络指数作为门槛变量的 *LM* 值与 Bootstrap P 值分别为 31.7713 和 0.0020，通过 1% 的显著性水平检验，而社会网络各维度中，网络学习、网络信任与网络

表 5 - 5 社会网络影响农户节水灌溉技术采用的门槛回归结果

门槛变量	LM 值	Bootstrap P 值	门槛值	置信区间
SN	31. 7713	0. 0020	- 0. 026767	[- 0. 429769, 0. 801820]
f_1	36. 3640	0. 0080	- 0. 348730	[- 0. 787360, - 0. 228050]
f_2	38. 3422	0. 0040	0. 642162	[0. 633690, 0. 653160]
f_3	31. 0333	0. 0580	0. 517380	[0. 290440, 1. 003590]
f_4	21. 4745	0. 7260	—	—

互动分别通过了 1%、1%、10% 的显著性检验，说明社会网络指数及社会网络的网络学习、网络信任、网络互动三个维度对农户节水灌溉技术采用的影响均存在结构变化。分别以上述变量为门槛变量代入式（2）和式（3）中，得到各门槛变量的似然比（LR）趋势图，如图 5 - 3 所示。

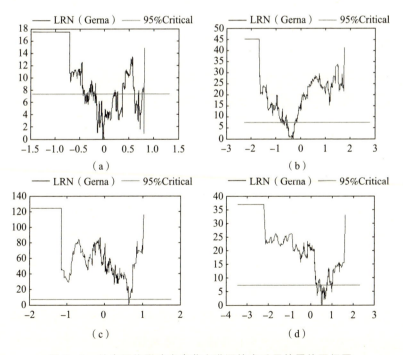

图 5 - 3 社会网络影响农户节水灌溉技术采用的置信区间图

图 5 – 3（a）为以社会网络指数作为门槛变量时 LR 趋势图，估计所得门槛值为 – 0.026767，该值在曲线最低点，此时似然比最小（等于 0），也就是结构变化点，该点可将样本划分为高社会网络（$SN \leqslant -0.026767$）和低社会网络（$SN > -0.026767$）两部分，图中横线为 95% 置信水平线，该横线以下包含了最小似然比的部分即为置信区间。同理，可从图（b）、（c）和（d）中看出网络学习、网络信任与网络互动的结构变化点分别在 – 0.348730、0.642162 和 0.517380 处，这说明分位数回归中的倒 U 型关系可信。

六　结果分析

本章在对社会网络对农户节水灌溉技术采用影响关系进行理论分析的基础上，利用实地调查数据，采用 OLS 回归和 Tobit 回归模型对影响农户节水灌溉技术采用的主要因素进行估计，运用分位数回归模型进一步检验社会网络指数及社会网络维度与农户节水灌溉技术采用存在的倒 U 型关系，得出以下四点结论。

（1）社会网络指数及社会网络维度对农户节水灌溉技术采用均具有显著正向影响，即社会网络越丰富，农户节水灌溉技术采用率越高。这意味着政府在提高农户节水灌溉技术采用率时，应注重发挥社会网络的作用，可以通过培育农户社会网络来提高农户节水灌溉技术采用率。

（2）社会网络指数与农户节水灌溉技术采用之间呈现典型的倒 U 型关系，即农户节水灌溉技术采用初期，社会网络指数对农户节水灌溉技术采用影响逐渐增大；在技术采用后期，社会网络指数对农户节水灌溉技术采用影响逐渐减小。农户节水灌溉技术采用过程中，"干中学"和社会学习两种途径对节水灌溉技术采用的影响可能存在差异：在技术采用初期，主要通过社会学习获取技术信息，有利于降低采用风险；而在技术采用后期，"干中学"（亲身实践）对农户节水灌溉技术采用决策行为影响更大。

（3）社会网络不同维度对农户节水灌溉技术采用的影响关系存在差异，其中，网络互惠对农户节水灌溉技术采用具有正向作用关系，而网络学习、网络信任和网络互动与农户节水灌溉技术采用之间呈现倒 U 型关系。社会网络的不同维度主要通过信息获取机制、社会学习机制、风险分担机制和服务互补机制等对农户节水灌溉技术采用过程产生综合影响，导致社会网络指数与农户节水灌溉技术采用之间呈现复杂的非线性关系。

（4）除社会网络外，性别、耕地面积、灌溉支出比例、风险偏好等因素对农户节水灌溉技术采用影响显著。政府推广服务没有通过显著性检验，只具有正向的方向性影响，这与政府推广服务效率低下和对农户需求反应弱等特征有关。基于社会网络与农户节水灌溉技术采用之间呈现倒 U 型关系，可充分利用农户社会网络，改变政府推广模式，提高技术推广质量并拓展技术推广范围，提高政府推广组织效率。

七 本章小结

本章运用分位数回归检验社会网络与农户节水灌溉技术采用之间的非线性关系，得出以下三点重要结论。一是社会网络指数及社会网络维度对农户节水灌溉技术采用均具有显著正向影响，即社会网络越丰富，农户节水灌溉技术采用率越高。二是社会网络指数与农户节水灌溉技术采用之间呈现典型的倒 U 型关系：在技术采用初期，社会网络指数对农户节水灌溉技术采用影响逐渐增大；在技术采用后期，社会网络指数对农户节水灌溉技术采用影响逐渐减小。三是社会网络不同维度对农户节水灌溉技术采用的影响关系存在差异，其中，网络互惠对农户节水灌溉技术采用具有正向作用关系，而网络学习、网络信任和网络互动与农户节水灌溉技术采用之间呈现倒 U 型关系。

第六章 ◄

社会网络对农户节水灌溉技术
采用影响路径分析

对社会网络影响农户节水灌溉技术采用路径问题的正确理解是研究社会网络影响农户节水灌溉技术采用机制的关键。社会网络对农户节水灌溉技术采用的影响是否存在中介效应？直接路径与间接路径关系如何？各个中介变量对农户节水灌溉技术采用贡献怎样？这些问题的回答有助于正确把握社会网络影响农户节水灌溉技术采用的直接效应与间接效应，有利于通过中介变量找出促进农户节水灌溉技术采用的有效途径。

一 问题的提出

加快节水灌溉技术采用与扩散是促进农业技术进步，保障中国粮食安全的重要实现途径。然而，现实中节水灌溉技术并未得到农户广泛认可，政府推广服务难以适应市场经济下农户多样化的技术需求，导致节水灌溉技术有效供给与需求不足矛盾长期得不到解决。已有研究表明，农户技术采用受性别、年龄、收入、耕地禀赋、土地规模、机会成本、风险与不确定性、人力资本、劳动力可使用性、种植制度等因素的影响（Feder et al.，1985；Rogers，1962；曹建民等，2005；方松海、孔祥智，2005；张兵、周彬，2006；唐博文等，2010；Yamamura，2012；李想、穆月英，2013）。随着社会网络研究的兴起，学者们开始关注社会网络与农户节水灌溉技术采用之间的关系。归纳起来，社会网络主要通过两种途径对农户节水灌溉技术采用产生影响，即直接效应和间接效应。直接效应是指社会网络作为众多影响农户节水灌溉技术采用决策的因素之一，通过农户自身社会网络的互动、学习、互惠与信任直接影响其技术采用决策。一方面，社会网络具有高密集度和较短的传播路径，能够提高技术扩散速率（Watts and Strogatz，1998）。社会网络的外部性可以促进农户技术交流（Besley and Case，1995）、减少风险的不确定性（Wang and Reardon，2008），为农业技术采用提供最重要的信息。社会网络的学习效应促使新采用者会向其他采用者学习该技术，从而加快新技术采用进程（Evenson and Westphal，1995）。农户与其家人及朋友间的社会网络是在长期强烈责任感下形成的，体现了相互信任，是最不容易解开的（Granovetter，1985），这种信任关系促使社会网络成为农户农业技术信息最有说服力的来源（Ben-Yishay and Mobarak，2013）。另一方面，社会网络还通过间接作用影响农户节水灌溉技术采用行为。社会网络具有共享信息、降低风险的功能，可弥补正式制度缺陷（Fukuyama，2000），农户通过社会网络有效获取信息、改进知识积累、提高技术认知，而农户技术认知对其技术采用具有显著影响（Rogers，1962；李楠楠等，2014）。另有研究表明，社会网络影响劳动者就业（边燕杰，1999），从而在改善农户收入、调整农户收入结构方面具有显著影响作用，因此可减轻农户技术采用时信贷约束压力，促进农户技术采用。

社会网络对农户节水灌溉技术采用行为的影响机制复杂，其直接影响与间接影响有待进一步验证。本章利用甘肃民勤农户调研数据，重点关注以下两个方面的问题。一是社会网络对农户节水灌溉技术采用的影响是否存在间接效应？若存在，那么两种路径（直接效应与间接效应）孰轻孰重？二是社会网络是如何通过中介变量影响农户节水灌溉技术采用的？其作用程度如何？与现有文献相比，本章独特之处在于应用 KHB 模型测算社会网络对农户节水灌溉技术采用的直接效应与间接效应，并对间接影响做了分解。

二　社会网络对农户技术采用影响路径分析的理论框架构建

本书第二章已对社会网络影响农户技术采用的机理做出了阐释，社会网络通过信息获取机制、社会学习机制、风险分担机制和服务互补机制直接影响农户技术采用行为。与此同时，社会网络还可通过影响其他中间变量来间接作用于农户技术采用行为（间接效应），这些中间变量被称为中介变量。

社会网络、亲属关系对劳动者就业具有重要作用（边燕杰，1999）。劳动力市场的信息不对称促使劳动者在就业过程中需要借助一些"非常"渠道（社会网络）来实现就业（Granovetter，1973），而就业是调整农户收入结构的必然途径，可见社会网络在帮助农户就业、调整农户收入结构方面的作用不容小觑。而收入结构又深刻影响着农户的技术采用决策，简单来说，如果家庭收入结构以农业收入为主，则农户更倾向于在农业方面做长期投资，其对农业技术采用的意愿越强（张兵、周彬，2006）。也有研究表明，一方面，家庭收入结构以非农收入为主意味着家庭中有劳动力进入非农产业就业，导致农业劳动力投入减少，提高劳动节约型技术采用；另一方面，非农就业收入高，农户从事农业生产机会成本增加，农户不愿将劳动力投入农业生产，通过采用劳动节约型技术弥补劳动力投入的不足（刘战平、匡远配，2012）。因此，收入结构是社会网络影响农户技术采用的重要中介。

社会网络具有促进农户收入变革的作用，能够显著增加家庭收入（赵剑治，2010）。尤其是异质性社会网络明显有助于贫困人群收入提高与福利增加（叶静怡、周晔馨，2010）。而收入水平影响农户技术技术采用（Feder et al.，1985；Rogers，1962），研究表明，农户收入对农业技术采用具有显著正向影响，因为农户收入提高为农业技术采用提供物质基础，农户更有经济实力在农业技术上投资（徐世艳、李仕宝，2009）。何可等（2014）也验证了农户收入对技术采用的正向作用，因此，社会网络可通过收入水平间接影响农户技术采用决策。

由于农户自身资本不足并且缺乏可供抵押的资产，其贷款获得能力不强，受到信贷约束（李锐、朱喜，2007）。社会网络有助于农村家庭获得借贷，减轻农户信贷约束压力。社会网络对农户获得借贷的可能性以及借贷额均具有显著正向影响（胡枫、陈玉宇，2012）。中国农村地区的家庭仍然主要通过非正规渠道来获得资金，特别是来自亲戚朋友的借款（Turvey and Kong，2010）。然而，信贷约束的存在削弱农户技术采用积极性，直接导致农户由于资金缺乏而放弃选择新技术（刘慰霖，2014）。信贷约束是农户农业技术采用决策的关键因素（Cornejo and McBride，2002；Binswanger and Donald，1983），信贷获得可显著增加农业技术的采用（Simtowe and Zeller，2006）。可见，信贷约束也是社会网络影响农户技术采用的一条间接路径。

社会网络影响农户种植结构。农户因无法有效获取技术信息而缺乏适应性，其决策行为大多受其他农户影响（Abdulai et al.，2008；Bandiera and Rasul，2006）。农户会利用其社会网络模仿周围成功农户并根据其行为调整农业投入（Conley and Udry，2010），包括种植结构。而种植结构现状是阻碍农户技术采用的重要因素（王娟等，2012），种植结构先决条件影响技术适应性，进而影响农户技术采用决策（Mariano et al.，2012；Noltze et al.，2012）。推进农业技术扩散，实现生态农业，提高土地、灌溉水等农业生产资源利用率，要求农户对种植结构进行优化与调整（谢静，2015）。以节水灌溉技术为例，耐旱作物种植比例的增加有利于节水灌溉技术采用，反之亲水作物种植比例的提高将减少农户节水灌溉技术采用。因此，种植结构也是社会网络影响农户技术采用的中介变量之一。

农户在技术采用决策时因对农业技术缺乏有效认知而犹豫不决，社会网络的信息传播机制可促进农户交流、提高农户技术认知（Besley and Case，1995）。技术认知是农户技术采用的关键因素（李楠楠等，2014），Rogers（1962）的研究指出，技术本身属性可解释采用率的49%～87%。农户技术感知越强，则技术采用概率越大（李楠楠等，2014）。Foster 和 Rosenzweig（1995）的研究发现，不完全信息是采用的负担，随着农户对新技术信息的积累，负担作用逐渐减弱。因此，社会网络通过农户技术认知间接影响农户技术采用行为。

总之，社会网络对农户节水灌溉技术采用的影响路径复杂，既可通过四种机制直接影响农户技术采用，也可通过农户的收入结构、收入水平、信贷约束、种植结构和技术认知间接作用于农户技术采用行为，社会网络对农户节水灌溉技术采用影响路径见图 6-1。因此，本章选取收入结构、收入水平、信贷约束、种植结构和技术认知作为中介变量，实证检验社会网络对农户节水灌溉技术采用的间接路径。

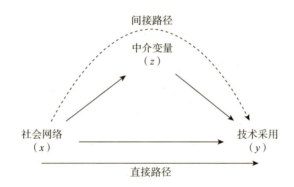

图 6-1 社会网络对农户节水灌溉技术采用的影响路径

三 中介变量确定及影响方向预测

（一）收入结构

丰富的社会网络可使农户获得更多的就业信息，或者农户可利用自身社会网络获取其他就业机会，有利于农户收入结构由农业收入向非农收入的调整，因此社会网络越丰富，农户收入结构越复杂。但收入结构对农户技术采用的影响方向是不确定的：一方面，非农收入越高，农户对农业生产越不倚重，越不愿意对农业生产做长期投资，技术采用兴趣越低；另一方面，非农收入越高，农户从事农业生产的机会成本越大，越不愿意放弃非农职业，因此越倾向于采用技术以节约劳动力（刘战平、匡远配，2012）。综合来看，社会网络通过收入结构对农户技术采用的间接作用方向还不明确。

（二）收入水平

社会网络对收入的正向影响作用已得到验证（叶静怡、周晔馨，2010；刘彬彬等，2014），而收入水平对农户技术采用的影响作用也至关重要，研究发现，收入水平越高，农户越愿意在农业方面做长期投资，越倾向于尝试新技术（徐世艳、李仕宝，2009），原因在于收入水平越高，农户越有能力采用新技术。因此，预测社会网络通过收入影响农户技术采用的间接效应是正向的，本章选取平均收入对数作为收入水平的度量指标可增强数据的平稳性，使数据更加集中。

（三）信贷约束

信贷约束是影响农户技术采用的核心因素之一（Cornejo and McBride，2002；Binswanger and Donald，1983），尤其是对于资本密集型技术，贷款的难易程度对其技术采用起决定性作用，贷款获得性越强，农户技术采用概率越高。社会网络在农户获取贷款时可提供贷款信息，有助于农户了解贷款政策，为农户提供贷款担保，确保农户能成功贷款。因此，社会网络通过信贷约束影响农户技术采用的间接作用为正向的。

（四）种植结构

社会网络的学习效应促使农户相互学习他人，并根据前期获得成功的农户的行为调整自身投入情况（Conley and Udry，2010），至于对种植结构的调整方向是正是负还无法预测。本章采用玉米种植面积占总耕地面积的比例作为种植结构的衡量指标，也就是说，玉米作为一种需水量较大的作物，如果农户玉米种植比例越高，则农户对节水灌溉技术的需求越大。综上，社会网络通过种植结构影响农户技术采用的间接效应的方向无法确定。

（五）技术认知

农户可通过社会网络的信息传播获取农业技术信息，并通过社会网络内的相互学习提高技术认知，农户技术认知越清晰，越愿意采用技术。那么，社会网络通过技术认知对农户技术采用的间接影响是正向的（李楠楠等，2014）。具体影响方向见图 6 - 2。

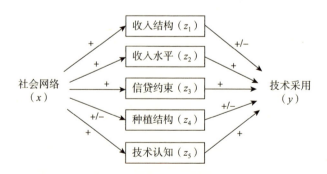

图 6 - 2　社会网络对农户节水灌溉技术采用间接影响方向预测

四 变量选择

(一) 因变量与核心变量

1. 因变量

农户技术采用为二元变量，即采用或不采用。本章中即以农户是否采用节水灌溉技术，也就是农户的节水灌溉技术采用决策作为因变量，用符号 y 表示。其中 $y = 1$ 代表农户采用节水灌溉技术，$y = 0$ 代表农户未采用节水灌溉技术。

2. 核心变量

社会网络为本章的核心变量，即待分解变量。社会网络的指标体系构建以及测度已在第三章中做出阐述。本章使用的核心变量是社会网络的总指标值，即社会网络指数。通过公式 $SN = (27.913 \times learning + 16.654 \times interaction + 14.190 \times reciprocity + 11.243 \times trust)/70.001$ 得到，其中 SN 代表社会网络，$learning$、$interaction$、$reciprocity$ 和 $trust$ 分别代表 4 个公因子，即社会网络四个维度指标值（网络学习、网络互动、网络互惠、网络信任）。特别地，为了下文模型应用方便，在本章中我们用变量 x 代表社会网络的指标值 SN。

(二) 控制变量

本章控制变量主要包括农户个体特征、家庭特征和环境变量三个方面，具体控制变量选择见表 6 - 1。

1. 个体特征

个体特征包括农户年龄、性别、文化程度。农户年龄越大，思维越固化，对新技术越难以接受；相比于女性，男性对节水技术知识了解越多，越倾向于节水灌溉技术采用；农户文化程度越高，其思维越开阔，越了解节水的重要性，因此越愿意采用节水灌溉技术。

2. 家庭特征

家庭特征包括耕地块数和耕地面积。耕地块数越多，土地越分散，越不利于节水灌溉技术的采用，这是由节水灌溉技术的特性决定的，该技术适用于大片土地，因此土地越细碎，农户越倾向于不采用；耕地面积也是影响农户节水灌溉技术采用的一项重要因素，农户的耕地面积越大，对节水灌溉技术的需求越迫切，越愿意采用节水灌溉技术。

3. 环境变量

环境变量包括水价、用水纠纷和推广服务。其中水价和用水纠纷可归类为用水环境，水价越高，农户灌溉费用越大，越有利于节水灌溉技术的采用；用水纠纷反映的是水资源的稀缺性，用水纠纷越多，水资源越稀缺，农户节水灌溉技术采用的积极性越高；推广服务可作为农户节水灌溉技术采用的政策环境变量，政府推广服务越有力，政策环境越好，农户越愿意采用节水灌溉技术。

表 6-1　社会网络对农户节水灌溉技术采用影响
路径的变量说明

变量	符号	说明	均值	标准差
因变量				
节水灌溉技术采用	y	不采用 = 0，采用 = 1	0.7464	0.4355
核心变量				
社会网络	x	[0，1]	—	—

续表

变量	符号	说明	均值	标准差
中介变量				
收入结构	z_1	农业 = 0，兼业 = 1	0.5738	0.4950
收入水平	z_2	年人均收入取对数	9.1206	0.9212
信贷约束	z_3	贷款难易程度，不容易 1→5 容易	2.2807	1.1485
种植结构	z_4	玉米种植面积/耕地总面积	0.4101	0.0953
技术认知	z_5	不了解 1→5 了解	2.4927	0.5005
控制变量				
水价	c_1	不贵 1→5 非常贵	4.5322	0.7385
用水纠纷	c_2	没有 1→5 非常多	2.5676	0.8898
推广服务	c_3	未推广 = 0，推广 = 1	0.8919	0.3108
耕地面积	c_4	单位：亩	18.8888	14.7528
耕地块数	c_5	以实际调查为主	8.5343	4.6187
性别	c_6	女 = 0，男 = 1	0.7360	0.4413
年龄	c_7	以实际调查为主	51.6985	9.1889
文化程度	c_8	不识字 = 1，小学 = 2，初中 = 3，高中（中专）= 4，大专及以上 = 5	2.7089	1.0158

五 KHB 模型及检验

KHB 模型（Karlson，Holm and Breen，2012）是通过 Logit 或者 Probit 方法测算总效应、直接效应和间接效应的模型。该模型由 Karlson、Holm、Breen 所创并发展而来。选用 KHB 模型作为验证社会网络影响农户技术采用中介效应的模型。

（一）KHB 模型介绍

KHB 模型简要思想如下。

在线性模型中可通过直接比较系数来将总效应分解为直接效应和间接效应。假设线性回归模型为：

$$Y = \alpha_F + \beta_F X + \gamma_F Z + \delta_F C + \ell \quad\quad (1)$$

式中，X 为待分解的核心变量，Z 为中介变量，X 可通过影响 Z 来间接影响因变量 Y，因此在这种假设下，β_F 为变量 X 对 Y 的直接效应，而 X 对 Y 的总效应 β_R 可通过以下的简略模型（reduced model）获得：

$$Y = \alpha_R + \beta_R X + \delta_R C + \varepsilon \quad\quad (2)$$

那么，X 通过影响 Z 对 Y 的间接影响为：

$$\beta_I = \beta_R - \beta_F \quad\quad (3)$$

上述方法可应用到广义线性模型中来，特别是二元 Logit 和 Probit 模型，假设变量 X 通过中介变量 Z 对 Y^* 产生影响，Y^* 为不可观测潜变量，那么：

$$Y^* = \alpha_F + \beta_F X + \gamma_F Z + \delta_F C + \ell \quad\quad (4)$$

$$Y^* = \alpha_R + \beta_R X + \delta_R C + \varepsilon \quad\quad (5)$$

Y^* 为不可观测的二分变量，$\begin{cases} Y = 1 & \text{if} \quad Y^* \geq \tau \\ Y = 0 & \text{if} \quad Y^* < \tau \end{cases}$，其中 τ 为门槛变量。以二元 Logit 模型为例，则最终的直接效应 b_F 和总效应 b_R 为：

$$b_F = \frac{\beta_F}{\sigma_F}, \ b_R = \frac{\beta_R}{\sigma_R} \quad\quad (6)$$

式中的 σ_F 和 σ_R 为规模参数，是式（4）和式（5）的残差标准误，并且 $\sigma_F < \sigma_R$。因此 Logit 模型中的间接效应为：

$$b_R - b_F = \frac{\beta_R}{\sigma_R} - \frac{\beta_F}{\sigma_F} \tag{7}$$

由式（7）可知，间接效应由 σ_F 和 σ_R 两个规模参数决定，可通过测算中介变量 Z 对核心变量 X 线性回归的残差来解决该问题：

$$R = Z - (a + bX) \tag{8}$$

式中，a 和 b 为线性回归系数。将 R 代替 Z 代入简略模型式（4）中，可得：

$$Y^* = \tilde{\alpha}_R + \tilde{\beta}_R X + \tilde{\gamma}_R R + \tilde{\delta}_R C + \varepsilon \tag{9}$$

R 和 Z 的区别仅在于 Z 与 X 相关，因此式（4）与式（9）在估测时没有区别，也就是说 $\tilde{\sigma}_R = \sigma_F$，$\tilde{\sigma}_R$ 为式（9）残差标准差。进一步，$\tilde{\beta}_R = \beta_R$，所以

$$\tilde{b}_R - b_F = \frac{\tilde{\beta}_R}{\tilde{\sigma}_R} - \frac{\beta_F}{\sigma_F} = \frac{\beta_R - \beta_F}{\sigma_F} \tag{10}$$

$$\frac{\tilde{b}_R}{b_F} = \frac{\dfrac{\beta_R}{\sigma_F}}{\dfrac{\beta_F}{\sigma_F}} = \frac{\beta_R}{\beta_F} \tag{11}$$

同样的，各系数占比也可推算：

$$100 \times \frac{\tilde{b}_R - b_F}{\tilde{b}_R} = 100 \times \frac{\dfrac{\beta_R}{\sigma_F} - \dfrac{\beta_F}{\sigma_F}}{\dfrac{\beta_R}{\sigma_F}} = 100 \times \frac{\beta_R - \beta_F}{\beta_R} \tag{12}$$

（二）KHB 模型间接效应检验

为了验证上述模型中的中介效应，只需检验假设 $H_0 : \tilde{b}_R =$

b_F，也就是要检验 β_R 与 β_F 是否相等：

$$\tilde{b}_R - b_F = \frac{\gamma_F}{\sigma_F} b \qquad (13)$$

其中 b 为式（8）中 X 对 Z 的系数，为了式（13）不为 0，必须使中介变量 Z 对 Y 的直接效应不为 0，即 $\frac{\gamma_F}{\sigma_F} \neq 0$，并且 X 与 Z 相关，即 $b \neq 0$。应用 Sobel（1982）的 Delta 理论可得以下对间接效应的检验：

$$Z = \frac{\sqrt{N}(\tilde{b}_R - b_F)}{\sqrt{a' \sum a}} \sim N(0,1) \qquad (14)$$

式中 a 代表向量 $(\gamma_F/\sigma_F, b)'$，$\sum$ 代表 γ_F 和 b 的协方差矩阵方差。

（三）KHB 模型应用

将 KHB 模型应用到社会网络影响农户节水灌溉技术采用的研究中，则 KHB 模型表达式为：

$$
\begin{aligned}
y^* = {}& \alpha_F + \beta_F x + \gamma_{F1} z_1 + \gamma_{F2} z_2 + \gamma_{F3} z_3 + \gamma_{F4} z_4 + \gamma_{F5} z_5 \\
& + \delta_{F1} c_1 + \delta_{F2} c_2 + \delta_{F3} c_3 + \delta_{F4} c_4 + \delta_{F5} c_5 + \delta_{F6} c_6 \\
& + \delta_{F7} c_7 + \delta_{F8} c_8 + \ell
\end{aligned} \qquad (15)
$$

$$
\begin{aligned}
y^* = {}& \alpha_R + \beta_R x + \delta_{R1} c_1 + \delta_{R2} c_2 + \delta_{R3} c_3 + \delta_{R4} c_4 + \delta_{R5} c_5 \\
& + \delta_{R6} c_6 + \delta_{R7} c_7 + \delta_{R8} c_8 + \varepsilon
\end{aligned} \qquad (16)
$$

上述两式中 x 代表农户社会网络；$z_1, \cdots, z_5$ 分别代表收入结构、收入水平、信贷约束、种植结构和技术认知 5 个中介变量；$c_1, \cdots, c_8$ 分别代表水价、用水纠纷、推广服务、耕地面积、耕地块数、性别、年龄、文化程度 8 个基础变量；

y^* 为不可观测的二分变量，即 $\begin{cases} y = 1 & \text{if} \quad y^* \geq \tau \\ y = 0 & \text{if} \quad y^* < \tau \end{cases}$，其中 τ 为

门槛变量。以二元 Logit 模型为例，则最终的直接效应 b_F 和

总效应 b_R 为：

$$b_F = \frac{\beta_F}{\sigma_F}, \ b_R = \frac{\beta_R}{\sigma_R} \tag{17}$$

而间接效应为：

$$b_R - b_F = \frac{\beta_R}{\sigma_R} - \frac{\beta_F}{\sigma_F} \tag{18}$$

六　社会网络影响农户节水灌溉技术采用
路径的实证检验

（一）社会网络影响农户节水灌溉技术采用决策的影响因素

通过 Logit 回归验证农户节水灌溉技术采用的影响因素，表 6 - 2 是 Logit 回归的结果，由表中数据可知，回归总体效果显著，模型拟合良好，各影响因素的作用方向也与预期基本一致。

表 6 - 2　社会网络影响农户节水灌溉技术采用决策的
Logit 回归结果

变量	符号	系数	标准误
社会网络	x	1.7211 **	0.8286
收入结构	z_1	- 0.7088 ***	0.2644
收入水平	z_2	- 0.4212 ***	0.1533

变量	符号	系数	标准误
信贷约束	z_3	0.6807 ***	0.1381
种植结构	z_4	2.1698 *	1.3082
技术认知	z_5	0.7542 ***	0.2596
水价	c_1	0.6214 ***	0.1724
用水纠纷	c_2	0.2504 *	0.1437
推广服务	c_3	0.8568 **	0.3600
耕地面积	c_4	0.0538 ***	0.0180
耕地块数	c_5	− 0.0831 ***	0.0283
性别	c_6	0.4843	0.3015
年龄	c_7	− 0.0041	0.0146
文化程度	c_8	− 0.1635	0.1392
_cons		− 3.5919 *	2.0431
Pseudo R^2		0.2320	
Log likelihood		− 209.1916	
Prob > chi2		0	
LR chi2（14）		126.3900	

注：***、**、* 分别代表统计检验达到 1%、5% 和 10% 的显著性水平；由于表中部分系数值较小，因此保留四位小数。

农户社会网络对节水灌溉技术采用具有正向影响，通过了 5% 的显著性检验。这说明农户社会网络越丰富，越倾向于采用节水灌溉技术，这与前文预期一致。5 个中介变量对农户节水灌溉技术采用均具有显著影响，其中收入结构与收入水平对农户节水灌溉技术采用具有显著负向影响，均通过了 1% 的显著性检验，而信贷约束、种植结构和技术认知则对农户节水灌溉技术采用具有显著正向影响，分别以 1%、10% 和 1% 的显著性水平通过检验。社会网络变量和 5 个中介变量是本章研究的核心内容，将在后文中具体分析。

基础变量中，本章重点考察了水价（c_1）、用水纠纷（c_2）、推广服务（c_3）和耕地块数（c_5）对农户节水灌溉技术采用行为的影响。

水价是水资源消费的调节器，合理水价可促使水资源优化配置、缓解水资源供需矛盾（王晓娟、李周，2005）。作为理性经济人的农户对水价敏感，在高水价环境下，采用具有节水作用的节水灌溉技术是既保证农业生产，又降低灌溉成本的两全之策，因此，水价越高，农户越倾向于采用节水灌溉技术。

用水纠纷是农户灌溉中经常发生的冲突，水权不确定性导致农户灌溉利益冲突比比皆是（王格玲、陆迁，2013）。节水灌溉技术的使用可提高农户灌溉有效性、减少用水纠纷的发生，对保证农业生产、提高农业用水效率具有举足轻重的作用，因此，用水纠纷越多，农户对高效节水技术越渴望。

政府推广服务是我国农业技术扩散的主要方式，也是农户获取技术信息的主渠道之一。推广服务力度越大，农户获取的农业技术信息越多，对所推广技术了解越全面，因此，越愿意尝试采用新技术以降低生产成本、提高生产效率。这一结论与王金霞等（2009），徐世艳、李仕宝（2009），葛继红等（2010）的研究结论一致。

耕地块数是土地细碎化的简化指标，耕地块数越多，土地越细碎。农户土地细碎化程度越高，技术效率越低（黄祖辉等，2014），农户越不愿意采用新技术。节水灌溉技术是个很好的例子，由于技术本身特点，节水灌溉技术更适用于大面积具有高附加值的经济作物的种植，耕地块数越多，也就是说，土地越细碎，越不适宜采用节水灌溉技术。因此，耕地块数对农户节水灌溉技术采用具有显著的负向影响，这点在调研时与农户的访谈中也得到了验证，农户不采用节水灌溉技术的一个很重要的原因就是土地零碎，不适用该技术。

（二）社会网络对农户节水灌溉技术采用是否存在中介效应的实证检验

1. 简单最小二乘法检验中介变量是否受社会网络影响

理论上，社会网络可通过间接影响中介变量而对农户节水灌溉技术采用产生作用（见第二章理论分析部分）。本部分通过简单最小二乘法来检验中介变量是否受社会网络影响，表 6-3 为模型估计结果。

表 6-3 社会网络中介效应的检验（1）

模型	变量	系数	标准误	$P > \lvert t \rvert$
		因变量 z_1		
模型 1	x	0.02 *	0.1350	0.0910
	_cons	0.57 ***	0.0705	0.0000
		因变量 z_2		
模型 2	x	1.43 ***	0.2426	0.0000
	_cons	8.41 ***	0.1266	0.0000
		因变量 z_3		
模型 3	x	1.73 ***	0.3031	0.0000
	_cons	1.42 ***	0.1582	0.0000
		因变量 z_4		
模型 4	x	0.09 ***	0.0257	0.0010
	_cons	0.37 ***	0.0134	0.0000
		因变量 z_5		
模型 5	x	0.23 *	0.1361	0.0930
	_cons	2.38 ***	0.0710	0.0000

注：***、**、* 分别代表统计检验达到 1%、5% 和 10% 的显著性水平。

表中模型 1 ~ 5 分别以 5 个中介变量为因变量，以社会网络为自变量，做简单最小二乘回归。结果发现，5 个模型中自变量社会网络的系数分别通过了 10% 、1% 、1% 、1% 、10% 的显著性检验，说明社会网络对 5 个中介变量均产生显著影响，也就是说，这些变量是社会网络影响农户节水灌溉技术采用的中介变量。

2. 社会网络对农户技术采用是否存在中介效应进一步检验

中介效应包括完全中介效应和部分中介效应，完全中介效应是指核心变量对因变量的影响完全通过中介变量，没有中介变量，核心变量则对因变量不产生影响；部分中介效应是指核心变量对因变量的影响一方面是直接作用于因变量的，另一方面是通过中介变量来产生的，也就是说，即使没有中介变量，核心变量也会对因变量产生作用。国外在研究社会网络对农户技术采用的影响时，注重检验社会网络的中介效应，通常的做法是比较加入中介变量前后模型系数变化以及模型拟合程度变化，以此判断是否存在中介效应。上文已经对社会网络通过多个中介变量间接影响农户技术采用行为加以理论阐释，并验证了中介变量确实受到社会网络的影响，为了进一步验证社会网络是否通过 5 个中介变量影响农户技术采用，接下来采用 Baron 和 Kenny（1986）的方法①对其进行检验。检验结果如表 6 - 4 所示。

表 6 - 4 中模型 1 是未加入中介变量的 Logit 回归结果，模

---

① Baron and Kenny（1986）的方法检验步骤：a. 核心变量影响因变量；b. 核心变量影响中介变量；c. 控制中介变量后，核心变量对因变量的作用消失了（完全中介效应），或是明显地变化了（部分中介效应），则证明存在中介作用。第 a 步结果见表 6 - 2，第 b 步结果见表 6 - 3，第 c 步结果见表 6 - 4。

表6-4 社会网络中介效应的检验（2）

解释变量	模型1	模型2	模型3	模型4	模型5	模型6	模型7	模型8	模型9	模型10
x	1.88 (0.75)	1.88 (0.75)	2.39 (0.79)	1.51 (0.78)	1.83 (0.76)	1.76 (0.76)	2.39 (0.78)	2.06 (0.81)	2.00 (0.82)	1.72 (0.83)
z_1		-0.41 (0.24)					-0.49 (0.24)	-0.60 (0.26)	-0.60 (0.26)	-0.71 (0.26)
z_2			-0.49 (0.14)				-0.51 (0.14)	-0.57 (0.15)	-0.52 (0.15)	-0.42 (0.15)
z_3				0.63 (0.14)				0.68 (0.14)	0.68 (0.14)	0.68 (0.14)
z_4					2.97 (1.20)				2.08 (1.29)	2.17 (1.31)
z_5						0.75 (0.24)				0.75 (0.26)
Log likelihood	-237.23	-235.73	-231.08	-224.67	-234.14	-232.12	-228.97	-214.81	-213.50	-209.19
LR chi2	70.32	73.31	82.62	95.44	76.49	80.54	86.84	115.16	117.78	126.39
Pseudo R^2	0.13	0.13	0.15	0.18	0.14	0.15	0.16	0.21	0.22	0.23

注：①***、**、*分别代表统计检验达到1%、5%和10%的显著性水平；②表中括号内为标准差；③限于文章篇幅，本表未给出模型1~10中基础变量的回归结果。

型 2~6 为分别加入中介变量 z_1 ~ z_5 的 Logit 回归结果，分别对比模型 1（加入中介变量前）与模型 2~6（加入中介变量后）可发现：一方面，加入中介变量后模型在稳健性上均有所提升，模型的对数似然值（Log likelihood）、伪 R^2 值、卡方检验值（LR chi2）均大于模型 1 的；另一方面，模型 2~6 的社会网络系数发生明显变化，加入 z_1、z_2 后，社会网络的系数增加了，而加入了 z_3、z_4、z_5 后，社会网络的系数减小了（下文中会解释原因），因此可以判断，社会网络会通过上述 5 个中介变量间接影响农户的节水灌溉技术采用行为，换句话说，即社会网络对农户节水灌溉技术采用行为具有中介效应。

再依次加入 5 个中介变量观察模型拟合情况和系数变化情况（见表 6－4），模型 2、7、8、9、10 为逐步加入中介变量的模型回归结果。与未加入中介变量时（模型 1）相比，依次逐步加入中介变量后模型在拟合程度上逐步提高，而社会网络的系数也发生明显变化，再次证明社会网络对农户节水灌溉技术采用行为的影响具有中介效应。

（三）KHB 模型实证分析社会网络影响农户节水灌溉技术采用的影响路径

1. 社会网络影响农户节水灌溉技术采用直接效应与间接效应的分解

通过对社会网络影响农户节水灌溉技术采用中介效应的检验，发现社会网络可通过收入结构、收入水平、信贷约束、种植结构和技术认知 5 个中介变量对农户节水灌溉技术采用产生影响。那么社会网络的间接效应大小如何？5 个中介变量的贡献程度是多少呢？应用 KHB 模型得到社会网络影响农户节水灌溉技术采用行为的直接效应、间接效应和总效应（见表6-5）。

表6-5 社会网络影响农户节水灌溉技术采用的
直接效应、间接效应和总效应

效应名称	系数	标准误	z值	P>│z│
总效应	2.40***	0.8245	2.92	0.004
直接效应	1.72**	0.8286	2.08	0.038
间接效应	0.68*	0.3767	1.81	0.070

注：*、**、***分别代表统计检验达到10%、5%、1%的显著性水平。

由表中数据可知，社会网络对农户节水灌溉技术采用的总效应为2.40，在1%的显著性水平上通过检验（由z检验可判断），其中直接效应为1.72，间接效应为0.68，直接效应和间接效应分别在5%和10%的显著性水平上通过检验。这说明社会网络对农户节水灌溉技术采用行为的影响中直接效应更大，占总效应的71.67%。从符号上看，社会网络对农户节水灌溉技术采用的直接效应、间接效应、总效应符号均为正，说明社会网络可直接对农户节水灌溉技术采用产生正向促进作用，还可通过中介变量对农户节水灌溉技术采用间接地产生正向影响。

由此可知，社会网络对农户节水灌溉技术采用确实存在中介效应，社会网络通过直接效应和间接效应两条路径影响农户节水灌溉技术采用。

2. 社会网络影响农户节水灌溉技术采用的间接效应的贡献程度测算

从间接效应构成上来说（见表6-6），社会网络通过各个中介变量对农户节水灌溉技术采用的间接影响不尽相同，社会网络通过收入结构、收入水平、信贷约束、种植结构和技术认

知的间接效应分别为 -0.08、-0.37、0.96、0.07 和 0.10，其中收入结构与收入水平的间接效应是负的，信贷约束、种植结构和技术认知的间接效应是正的。这也正是上文在检验社会网络间接效应是否存在时，加入 z_1、z_2 后社会网络系数增加，而加入 z_3、z_4、z_5 后社会网络系数减小的原因。

表 6 - 6　社会网络影响农户节水灌溉技术采用
间接效应的分解

中介变量	系数	标准误	间接效应占比（％）	总效应占比（％）
收入结构（z_1）	-0.08	0.1064	-11.64	-3.31
收入水平（z_2）	-0.37	0.1663	-53.80	-15.30
信贷约束（z_3）	0.96	0.2952	140.88	40.06
种植结构（z_4）	0.07	0.0698	10.11	2.87
技术认知（z_5）	0.10	0.1144	14.46	4.11

社会网络通过信贷约束对农户节水灌溉技术采用的间接影响最大，占间接效应的 140.88％，占总效应的 40.06％，说明社会网络通过信贷约束对农户的节水灌溉技术采用行为起关键性作用；因为节水灌溉技术属于资本密集型技术，其初始投资巨大，对于普通农户来说是很大的负担。社会网络在很大程度上帮助农户获得贷款、缓解信贷压力（胡枫、陈玉宇，2012），提高农户节水灌溉技术采用的积极性、减少农户因资金缺乏而放弃技术采用现象的发生。

收入水平是社会网络对农户节水灌溉技术采用的第二大间接效应，占间接效应的 53.80％，影响作用为负，这与上文预测不符，可能的原因是虽然农户收入水平越高，技术采用的经济能力越强，但是农户收入水平越高同时也意味着农户更有能力通过其他途径改善生活水平，没必要投资农业生产，因此收入水平对农户节水灌溉技术采用的影响为负，导致社会网络通过收入水平对农户节水灌溉技术采用的影响为负。

接下来，间接效应排序大小依次是技术认知、收入结构和种植结构，分别占 14.46%、11.64% 和 10.11%。农户社会网络越丰富，通过与其他技术采用者相互交流、学习与共享，间接地提高了农户技术认知、改变农户种植结构，越有利于农户节水灌溉技术采用。社会网络通过为农户提供就业信息或就业帮助来改变农户收入结构，农户收入结构越复杂，农业收入占比越低，对农业生产越不重视，其农业生产投入精力越有限，越不愿意进行农业技术投资，其采用倾向越低，因此社会网络通过收入结构对农户节水灌溉技术采用的影响方向为负。

由以上分析可得，社会网络可通过收入结构、收入水平、信贷约束、种植结构和技术认知 5 条间接路径影响农户节水灌溉技术采用行为。

七　结果分析

本章首先从理论上对社会网络影响农户节水灌溉技术采用路径加以阐释，将社会网络对农户节水灌溉技术采用行为的影响路径划分为直接影响和间接影响；然后以民勤农户节水灌溉技术采用为例，通过 Logit 回归识别农户节水灌溉技术采用的影响因素，并采用 Baron 和 Kenny（1986）的方法验证社会网络对农户节水灌溉技术采用存在间接影响（中介效应）；在此基础上，采用 KHB 模型测算社会网络影响农户节水灌溉技术采用行为的总效应，将其分解为直接效应与间接效应，并对各中介变量的间接影响贡献加以说明，最终得出本章结论。

（1）社会网络通过直接影响和间接影响两条路径对农户节水灌溉技术采用行为产生影响，其中直接影响处于主导地位。政府应注重农户社会网络的培育，为农户搭建良好的社会交往平台，以提高农户社会网络存量。鼓励农户通过社会网络进行交流、学习，以提高农户技术认知、降低技术采用风险。并且重视非正式渠道（社会网络）与正式渠道（政府推广服务）相结合，拓宽农业技术扩散思路，提高农户节水灌溉技术采用率。

（2）社会网络对农户节水灌溉技术采用行为的间接影响可通过5条路径实现，其中收入结构与收入水平影响为负，信贷约束、种植结构和技术认知影响为正，并且信贷约束影响最大。因此，农村金融改革要充分利用当地农户的社会网络来开展，降低金融准入门槛，提高金融服务水平，还要加大农户金融知识教育力度，在当前的信贷中充分考虑农户的社会网络资源，为农户采用新技术提供资金支持。与此同时，尽管其他几条路径的间接作用有限，但不可忽视其重要性，良好的农村劳动力就业环境、适宜的土地流转政策以及成熟的技术推广服务体系等与社会网络相结合，都有利于农户节水灌溉技术的采用。

（3）除社会网络以外，水价、用水纠纷、推广服务、耕地面积和耕地块数等因素对农户节水灌溉技术采用行为具有显著影响。在具体推广节水灌溉技术时，除利用好农户间的社会网络以外，政府还应注重这些因素的作用，比如制定合理可行的水价制度，鼓励农村土地流转以减少土地细碎化程度，加大农户种植高附加值经济作物的支持力度等。

八　本章小结

　　本章考察了社会网络影响农户节水灌溉技术采用的路径。首先提出社会网络影响农户技术采用路径的理论框架，从理论上找出社会网络间接影响农户节水灌溉技术采用的中介变量，并预测各中介变量的影响方向；然后介绍本章变量选择和模型设计；接下来应用 Logit 模型检验社会网络对农户节水灌溉技术采用的影响，并实证检验社会网络是否对农户节水灌溉技术采用存在中介效应，在此基础上应用 KHB 模型分解社会网络影响农户节水灌溉技术采用的中介效应；最终得出本章结论。研究表明，社会网络对农户节水灌溉技术采用确实存在中介效应，社会网络不仅通过直接效应影响农户节水灌溉技术采用；而且通过收入结构、收入水平、信贷约束、种植结构和技术认知 5 种间接效应影响农户节水灌溉技术采用。

第七章 ◄

社会网络与推广服务的交互
影响（上）：推广服务

社会网络与推广服务是农户技术信息获取的两个主要渠道，两者在农户节水灌溉技术采用过程中扮演着重要角色。解析社会网络与推广服务在农户节水灌溉技术采用中的交互作用是理解农户节水灌溉技术采用过程中社会网络作用机制的重要组成部分，然而以往农户技术采用研究存在对二者关联关系的忽视，本书将分为上下两部分对这一问题进行深入探讨。在本章中，首先，对中国农业推广服务体系的概况进行介绍；其次，在学习已有相关文献的基础上，分析农业推广服务对农户技术采用的影响；最后，建立政府推广服务的指标体系并对其进行测算。本章的分析从理论上厘清了政府农业推广服务与农户农业技术采用的影响，为第八章社会网络与推广服务交互影响的实证分析奠定了基础。

一 中国农业推广服务体系

（一）农业推广服务体系建立的必要性

改革开放以来，中国农业生产能力得到极大提高，粮食产量显著增加。当前农业的主要矛盾已由总量不足转变为结构性矛盾[①]，提高农产品质量和转变农业生产方式成为农业改革的重点。农业科技是确保国家粮食安全的基础支撑，是突破资源环境约束的必然选择，是加快现代农业建设的决定力量[②]。新时期下，农户的技术需求也发生了巨大改变，对优质高产农产品的需求、对高效农业技术的需求、对生态环境安全的需求日益增长。农户农业技术需求的变化对农业科技创新及农业推广服务都提出了新的更高的要求。农业科技化不仅取决于农业技术创新本身，更关键的是取决于有效的农业推广服务（钟秋波，2013）。加快推进农业技术推广是促进农业增产、农民增收、农村经济社会发展的根本动力，对农村社会经济繁荣具有深远的意义[③]。

（二）农业推广服务概述

1. 农业推广服务的内涵

农业推广服务是随着农业生产活动而产生并随之发展起来

---

① 资料来源：《中共中央　国务院关于深入推进农业供给侧结构性改革加快培育农业农村发展新动能的若干意见》（2017 年中央一号文件）。

② 资料来源：《关于加快推进农业科技创新持续增强农产品供给保障能力的若干意见》（2012 年中央一号文件）。

③ 资料来源：《关于加快推进农业科技创新持续增强农产品供给保障能力的若干意见》（2012 年中央一号文件）。

的为农业生产活动服务的社会事业。具体地，农业推广服务是指农业推广服务主体为满足推广对象需要所进行的物资供给、技术传播、信息沟通、产品交易等各个方面的活动。农业推广服务主要包括公益性推广服务和经营性推广服务两大领域，其中公益性推广服务，是指推广服务主体不以满足自我需要或营利为目的，为推广对象无偿（或有偿）提供其所需要的产品、技术和信息的行为；而经营性推广服务是指服务主体将服务与经营相结合，进行农资供应、动物疾病诊疗以及产后加工等各个方面的交易和营销活动，是一种按市场化方式运作、运用经济手段进行推广的方式。《中华人民共和国农业科技推广法》指出，农业技术推广是"通过试验、示范、指导、咨询、培训等方式，把应用于农林牧渔的科技成果和实用技术普及于农业生产的产前、产中、产后全过程的活动"。

2. 农业推广服务组织

农业推广服务组织是指具有农业技术推广服务功能的组织，主要包括以基于农业部门建立起来的传统农业科技推广机构、农业类高等院校、农业类科研机构、农业企业、农民专业协会和专业合作社等，这些机构和单位均具有农业技术推广功能，因此均属于农业推广服务组织。

农业推广服务组织的分类方式多样，按照不同分类方式，可将这些农业推广服务组织分为不同的类别。以组织构建特征来划分，可将农业推广服务组织划分为政府主导型推广组织和市场主导型推广组织，传统农业科技推广机构就属于政府主导型推广组织，而农业龙头企业就属于市场主导型推广组织。以提供服务的内容可划分为综合性推广组织和专业性推广组织，像农民专业协会和农民专业合作社这样的机构大多属于专业性推广组织，因为此类推广组织大多是以某种农产品为主体，提供该产品从生产经营到加工、运输、贮藏以及销售的一系列相关技术、信息等服务来实现成员互助目的的组织。按照经营性质可划分为公益性推广组织和营利性推广组织，农业企业就是一种典型的营利性推广组织，这类推广组织一般以推广企业产品（如种子、化肥、农药或技术设备等）为目的，来展开农业技术推广服务。

3. 农业推广服务的主要内容

农业推广服务的内容主要包括三个领域的服务：一是农业科技服务，二是农业信息服务，三是农资与农产品的经营服务。具体内容主要有以下十个方面：①生产发展和技术推广计划的制订与实施；②农业新技术、新品种、新成果的引进、试验、示范和推广的组织与实施；③病虫害、动物疫病及农业灾害的监测、预报、防治和处置；④农产品生产过程中的质量安全检测、监测和强制性检验；⑤农业资源、森林资源、农业生态环境和农业投入品使用检验、监测；⑥水资源管理和防汛抗旱技术服务；⑦农业公共信息和培训教育服务；⑧项目实施、大规模农产品生产和农机具作业的组织协调、质量监督和安全监督管理；⑨农业生产的专项服务，如统一机耕、排灌、植保、收割、运输等方面；⑩经营性服务主体开展的以供应生产、生活资料，收购、加工、运销、出口产品，以及筹资、保险为重点的服务。

4. 农业推广服务的全程服务

（1）产前服务。产前服务是指农业生产前期推广对象需要农产品和农用物资的市场销售信息、价格信息、政策法规、科技信息以及农用物资的种类信息等。此时，需为推广对象生产、加工、调运和销售优质合格的种子、种苗、化肥、农药、农膜、农机具、农用设施等农用物资，也可进行土地承包、技术承包、产销承包、生产规划与布局的服务合同签订工作和农产品销售市场的建设工作。

（2）产中服务。产中服务是指农业生产中期所急需农用物资的配套服务，农业生产技术，劳务承包、技术承包等有偿服务活动。还包括继续联系和考察农产品销售市场，制定营销策略，积极扩大销路。

（3）产后服务。产后服务是指农业生产后期的农产品收获、贮藏和销售，农产品产销合同的兑现。对农产品进行粗加工，做好农产品收购、贮运和销售服务工作以及帮助推广对象进行生产分析、再生产的筹划。

（三）中国农业推广服务体系建立的过程及特点

党和政府一直对中国的农业推广事业给予高度重视，相继制定了一系列的政策法规来保证中国农业推广服务事业的蓬勃发展。新中国成立以来，中国农业推广服务体系总共经历了以下四个阶段的发展。

1. 初步建立阶段（1949～1957年）

新中国成立以后的近十年是中国农业推广服务体系的摸索阶段，在此期间，农业推广工作以政府主导为主，推广的内容主要是良种和传统农技。为保障农业推广工作，《农业技术推广工作站条例》（1950年）、《农业技术推广方案》（1953年）、《关于农业技术推广站工作的指示》（1954年）等一批农业推广政策相继颁布，使农业推广工作得到了政策保障，各部门的工作范围得以界定，逐步建立从中央到地方的农业推广服务体系。

由于当时农业科技力量薄弱，农业生产条件有限，农业推广不能完全满足当时的农业生产需要；加上当时农业推广组织不健全、推广投入不足等原因，农技推广作用不明显。

2. 曲折发展阶段（1958～1977 年）

这一阶段农业推广服务的发展可以"文化大革命"为分割点，大体上划分为两个小阶段。"文化大革命"之前（1958～1965 年），受"大跃进"和"人民公社化"运动的影响，农业推广服务受"左"倾思想的严重影响，偏离了正确的指导方向，而三年困难时期更是让农业推广服务工作雪上加霜，之前初步建立起来的农业推广服务体系受到严重挫折，处于瘫痪半瘫痪状态。"文化大革命"的十年（1966～1976 年）是农业推广服务体系曲折发展的下半个阶段，在这期间，受"左"倾思想的错误引导，农业推广工作基本中断，农业推广服务体系遭遇灭顶之灾，各级农业推广组织无形解体。

在农业推广服务体系曲折发展期间，建立了"四级农业科学试验网"这一新的富有时代特色的推广模式。所谓"四级农业科学试验网"，即县办农科所、公社办农科站、大队办农科队、小队办试验组的一种推广模式。这一模式在一定范围内取得了比较明显的效果，但该体制过分强调了试验和群众的作用，以试验代替推广，带有明显的历史局限性，随着人民公社体制的解体，这一推广模式也自然而然地画上了句号。

在农业推广服务体系曲折发展阶段，中国农业推广服务体系受到了自然灾害和国家政策不稳定的双重影响，遭受了严重挫折，发展缓慢。

3. 全面发展阶段（1978～1991 年）

1978 年中国共产党第十一届中央委员会第三次全体会议在北京举行，全会的中心议题是根据邓小平同志的指示讨论把全党的工作重点转移到经济建设上来，全会做出了实行改革开放的新决策，启动了农村改革的新进程，也重新开启了农业推广服务工作，中国的农业推广服务体系进入全面发展阶段。

在全面发展阶段，"四级农业科学试验网"解体，结束了人民公社体制下的带有历史局限性的农业推广服务模式，迎来了农业推广服务的新时期，农民生产积极性高涨、农村生产力解放、农村经济快速发展，农民对有效农业技术的需求迫切。1982 年《全国农村工作会议纪要》要求恢复各级农业技术推广机构，当年 7 月农业部在全国范围内建立县农技推广中心，全面启动了农业推广服务体系的重建工作。到 80 年代末"五级一员一户"的农业推广服务体系基本建立，这标志着中国五级农业推广服务体系形成，中国农业推广服务体系得到全面发展。

4. 改革创新阶段（1992 年至今）

进入 20 世纪 90 年代，经济体制改革不断深入、农业科技化和市场化迅速发展，探索满足市场化经济需求和符合中国国情的推广服务体系是此阶段的工作重点，结构调整改革和多元化组织体系的创建是此阶段最具代表性的实践。

1992 年的"定岗、定编、定员"和职称评定开始了乡镇机构改革之路，各地乡镇开始探索乡镇农技站建设改革，改善了基层农业推广机构工作条件，确保了基层推广的经费投入，提高了基层农技推广人员的工作热情和积极性。尤其是《中华人民共和国农业技术推广法》（1993 年）实施后，中国农业推广服务工作开始有法可依。进入 21 世纪，在新的社会背景和经济条件下，农业推广服务工作面临更高要求，农业推广服务体系进入改革时期，各地开始探索农业推广服务的新的模式和方式，创建了多元化推广组织的农业推广服务体系。

经过上述四个阶段的发展，中国逐步形成了以政府为主导，由国家、省、市、县、乡五级机构组成的自上而下的政府推广服务体系。从学科上把农业推广服务体系划分为畜牧兽医、水产、种植、农机化、农业经营管理五个系统。农业部统计数据显示，截至 2007 年年底，全国（除西藏）五个系统已形成了由 12.6 万个基层农技推广机构，91.29 万名农技人员（其中省级 1.32 万人、地市级 4.92 万人、县级及以下 85.05 万人）组成的农业科技推广组织体系①。

（四）中国农业推广服务体系存在的问题

1. 农业技术推广不能适应市场经济条件下农户多样化需求

随着社会经济不断向前发展、农民生产能力不断提高，现有的农业推广服务模式已不能完全满足市场经济条件下的农户多样化的技术需求。造成这种局面的主要原因在于以下两方面。

（1）推广体制不健全。现行的农业推广服务体系由于受到国家政策体制等因素的制约，在其组织管理上存在某些使其无法实现预定目标的问题。在业务上，推广工作是受上一级机

---

① 数据来源：中华人民共和国农业部：《2008 中国农业科技推广发展报告》，中国农业出版社，2008。

构的指导，而在行政上又往往隶属于地方行政部门管理，这种管理上的不顺畅使得农业技术推广服务体系的内外部有关部门在协调上产生很大的阻力。在财务上，农业技术推广服务体系内部不同推广项目之间"分灶吃饭"，形成机构之间人员难以协调的状况。推广机构往往只是具体项目的执行单位，在资金的使用以及最终成果的评定、奖励上，推广人员往往处于次要地位，严重挫伤了推广人员的积极性，也造成了重复立项、推广效率低下、资源浪费严重等弊端。多头推广，对推广的技术缺乏严格有效的管理，导致一些不成熟或缺乏科学基础的技术应用给农民造成了较大的损失，同时也使推广体系和推广人员处于极为被动的状态。

（2）农业科研与农业生产实际分离。当前的农业技术推广处于政府直接领导之下，行政倾向过强，市场导向性差，致使科研成果与市场需求严重脱节，成果转化率低。科研成果能转化的前提条件是存在潜在的市场需求，由于受当前农业技术推广体制和固有观念的制约，农业科研院所和农业高等院校的科研行为与市场需求和农民需要存在相当大的差距，从而导致农业科研成果的有效供给不足。这种农业科研与市场脱离、与农民偏离的现状致使大多数的农业技术没有应用于农民的农业生产，而是直接停留在了实验室研究成果层面，并未进入农业技术的转化和扩散阶段。还有一部分成果偏重于农业生产关键环节重大问题的突破，由于并不具备与之相符合的基础配套，其没有应用于生产的机会（戴立新，2008）。

2. 农业推广流于形式、浮于表面，推广效率不高

出现这样的问题，主要是由两方面的原因造成的，一是基

层农技推广人员的素质不高，二是农民群体的思想意识不完善。

（1）基层农技推广人员素质参差不齐。中国基层农业技术推广人员结构极不合理，综合素质较低（孙莉，2014）。由于长期以来缺少参加培训的机会，部分推广人员知识面狭窄，知识结构不能适应新形势的需要。一方面，推广体系内部缺乏严格的人员管理制度，包括聘用制度、岗前培训和在职培训以及个人工作计划、人员监督与考评等，使推广人员素质的提高未能纳入推广工作的议事日程。另一方面，推广人员及管理者的观念陈旧。推广人员普遍缺少适应市场变化的创新精神，不熟悉市场，信息不灵制约着许多推广活动，工作上易受某种短期行为的驱使，推广工作的重点频繁变动，普遍存在只重项目设立而轻项目管理的现象。推广人员的上述状况使得中国农业技术推广工作流于形式，效率低下。

（2）农民群体思想意识不完善。中国农民对现代农业高新技术接纳能力差，并且缺乏采用新技术的需求动力（宋智慧，2010）。农业比较效益较低，致使一些有文化、懂技术的农村青壮年劳动力纷纷弃耕外出打工，向第二、三产业大批转移，真正从事农业生产的农民整体素质明显偏低，与接受农业科技所要求的水平相距较远，成为农技推广的巨大障碍。多数农民只能维持简单的再生产，加上对农业生产尤其是对农业新技术应用的资金投入能力有限，承受不了市场因素与自然因素带来的双重风险，因而宁愿按照传统的生产方式获取稳定的低效益，也不愿投入大笔资金并承担风险，造成了新技术推广应用的滞后。这也是中国农业技术推广服务效率低下的另一重要原因。

（五）新时期对中国农业推广服务的要求

1. 符合农户农业生产需求

改革开放以来，中国农村发生了翻天覆地的变化，中国农业取得了前所未有的巨大进步，农业技术以及农业推广服务在其中起到了关键作用。农业的发展离不开农业科技的支持，农业技术及农技推广服务对农业生产及农村发展的重要作用也得到了普遍认可。近年来，中国城镇化发展迅速，农村劳动力向城市大规模迁移，农业发展面临巨大危机，农业推广服务的发展需要根据农村经济社会发展现状的改变和农户农业生产需求的变化进行改善，逐渐走向市场化、多元化的趋势，激发社会多元力量参与农业推广事业，为农户提供更好的农业技术服务（张立丽，2013）。那么，如何发展符合当前农户农业技术需求的新型农业推广服务是亟须思考的课题。

2. 符合现代农业发展要求

中共十八大报告指出，"加快发展现代农业，增强农业综合生产能力，确保国家粮食安全和重要农产品有效供给"，发展现代农业是中国社会主义市场经济下的必然选择。一方面，现代农业强调农业生产的科技化，这对农户的科学文化素质提出了更高的要求；另一方面，不同于传统农业的自给自足模式，现代农业还强调农业发展的市场化和商品化，对农业推广服务提出了更高难度的要求。要促使农业生产科技化、农产品市场化和商品化，要提高农户科技文化水平、促进农业科技的普及，促使新型高产高效农业技术的转化与应用，就必须有与之相适应的可作为发展现代农业的强有力支撑的农业推广服务体系。这也就意味着中国当前的农业推广服务模式也要进行相应的变化，以更加适应现代农业的发展要求。

3. 符合市场经济发展要求

随着中国社会主义市场经济体制的确立，中国经济逐渐朝着市场化目标迈进，传统的以政府推广为主导的农业推广服务模式普遍工作效率偏低、服务方式和服务内容单一、计划经济特征明显，已经不再适合市场经济发展的要求，农业推广服务亟须改变其自上而下的行政命令式的运行方式。建立符合市场经济发展要求的农业推广服务体系，为农户提供更加方便、快捷、高效的农业技术服务。要充分发挥市场在农业经济中的资源配置作用，引入多种竞争机制，坚持政府监管下的社会多元化合作，鼓励农业推广服务模式的主体多元化发展。推动农业推广服务朝着市场经济方向发展，既可以降低农业推广成本、提高农业推广服务效率、保证高水平高质量的农业推广服务，也可以推动农业生产方式向市场化转变，促进农业转型，促使中国由"农业大国"向"农业强国"的转变。

二　农业推广服务对农户技术采用的影响

农业推广服务是最新农业技术、高效管理方法和实用农耕操作等农业信息传递给农户的机制（Owens et al.，2003；Khan et al.，2006）。农业推广服务可帮助社会满足日益增长的人口食品需求（Ali and Rahut，2013）。农业推广服务的目的在于为农业新技术或农业技术改进管理办法的采用提供支持（Subedi and Garforth，1996）；推广机构通过与农户交流，在提高管理技能的同时对农户提供技术信息和帮助（Birkhaeuser et al.，1991）。农业推广服务不仅可以加速技术扩散进程、促进农户技术采用（Dinar et al.，2007；Ali and Rahut，2013；Khan et al.，2006），还可以通过引导农户提高农业技术利用效率（Dinar et al.，2007），最终达到既提高农户作物产量又增加农户收入的目的（Ali and Rahut，2013；Khan et al.，2006）。

虽然农业技术推广可显著提高农业技术效率，但农业推广服务效率差也是个事实（Antholt，1994；Ahmad，1999；Sofranko et al.，1988）。目前，多数发展中国家农业推广体系由农业部或一般政府部门操作，采取自上而下的模式，但该体制广受批评（Weidemann，1987）。其主要原因一方面在于推广事业缺少经济支持、推广人员缺乏充分培训（Antholt，1994），大多数推广服务机构无法处理农户个性化需求问题（Ahmad，1999）等，如巴基斯坦也出现同样的情形（Ahmad et al.，2000；Sofranko et al.，1988）。另一方面在于推广服务以占人口20%的富裕农户为中心、未能涉及贫穷农户（Rolling，1984）。主要表现在联系农户经常选取地方领导担任、上级强行安排与地方农户需求意愿相违背（Hoang et al.，2006），这样做的原因在于这类农户大多受到更好的教育，并且对新农业技术有清晰的理解（Owens et al.，2003）。此举虽然是最简单快捷的办法，但以边缘化小农户和贫穷农户为代价，他们代表的是有权势者的利益，充当的是这类农户和推广组织间的桥梁（Hoang et al.，2006）。在这种状况下，推广人员由于与目标农户没有过多相似点，也没有充分交流，更没有对推广区域的充足认识，因此不能与目标农户群体有效沟通（Axinn，1987；Odell，1986）。

然而，农户在考虑是否采用新技术之前必定要获取有关新技术的信息（Doss，2006）。Albrecht（1986）也在研究中指出，只有当与农户沟通有效时推广服务才有用。但发展中国家农户无法获取足够的农业技术信息（Luqman et al.，2005），大多数农业推广服务在向农户推广新技术时未能充分引导农户（Rogers，1962；Prinsley et al.，1994）。有研究证实，亚洲四分之三的农户与推广服务机构无联系（Maalouf et al.，1991）。推广机构大多与大农户联系，导致小规模农户无法获取技术信息（Sofranko et al.，1988），这种做法将直接导致小规模农户因未接触到推广机构而无法获得农业推广服务的好处（Ali and Rahut，2013）。Dinar 等（2007）在研究希腊克里特岛农业推广服务对农户农场产出的影响时得出结论，获得农业技术推广服务可显著提高农业技术效率，而没有获得技术推广服务则技术效率差。

三　推广服务指标选择与测度

（一）推广服务指标选择

农户在考虑是否采用新技术之前必定要获取有关新技术的信息（Doss，2006）。既然政府推广服务是农户获取信息的一个重要途径，政府推广服务变量常被用作信息获得的度量指标。部分研究以农户是否使用政府推广服务作为推广服务度量变量（Doss，2006）。也有研究以农户接受的政府推广服务次数（Boahene et al.，1999；Herath and Takeya，2003；Ouma et al.，2002）或者将农户是否在特定时间段内接受推广服务（Ransom et al.，2003）或者农户是否参加田间示范日活动等指标作为推广服务指标。还有研究以农户是不是联系农户（contact farmer）或者是田间推广组织者作为推广服务指标（Ensermu，1998）。本章在上述研究的基础上，主要从农户所接受到的推广方式和推广效果两方面度量推广服务水平。①推广方式。调查地主要采取集体技术培训和田间指导两种方式进行技术推广，根据当地推广次数平均分布状况，次数少于等于1次代表非常不频繁，2次代表不频繁，3次代表一般，4次代表频繁，5次及以上代表非常频繁。②推广效果。包括推广内容难易程度、推广技术易掌握程度和推广内容帮助作用大小。推广内容难易程度代表推广人员推广内容是否通俗易懂，能否充分把握农户的理解水平；推广技术易掌握程度代表推广人员推广内容是否简单实用、容易操作；推广内容帮助作用大小是农户对推广人员推广作用的评价。具体变量说明及描述见表7-1。

表 7-1　推广服务变量说明及描述

变量及符号	变量说明	均值	标准差
推广方式（f_{1ES}）			
集体技术培训	非常不频繁＝1→5＝非常频繁	2.78	0.4121
田间指导	非常不频繁＝1→5＝非常频繁	2.66	0.4739
推广效果（f_{2ES}）			
推广内容难易程度	非常不容易＝1→5＝非常容易	3.84	0.6236
推广技术易掌握程度	非常不容易＝1→5＝非常容易	3.71	0.7145
推广内容帮助作用大小	没帮助＝1→5＝帮助很大	3.05	0.9159

（二）推广服务测度

政府推广服务是多指标变量，因此对于其测度，与社会网络测度相似，也采用因子分析法。因子分析结果显示，KMO 检验值为 0. 656，Bartlett 球形检验的近似卡方为 407. 761（sig. = 0. 000），说明样本数据适合做因子分析。提取特征根大于 1 的公因子两个，累计方差贡献率为 55. 266%（见表 7 - 2）。根据各因子得分及其方差贡献率，得到推广服务（ES）指标的计算公式：

$$ES = (18.761 \times f_1 + 36.505 \times f_2)/55.266。$$

表 7 - 2 推广服务因子分析结果

变量	因子载荷	
	f_1	f_2
集体技术培训	0.596	—
田间指导	0.846	—
推广内容难易程度	—	0.846
推广技术易掌握程度	—	0.85
推广内容帮助作用大小	—	0.663
方差贡献率（%）	18.761	36.505
KMO 检验值	0.656	
Bartlett 球形检验近似卡方	407.761	

四　本章小结

本章介绍了中国农业技术推广服务体系概况，理论分析了推广服务对农户技术采用的影响，构建了政府推广服务的指标体系并对其进行测算。本章分析的作用在于全面认识推广服务对农户技术采用的重要影响，为第八章的实证分析奠定基础。

第八章 ◀

社会网络与推广服务的交互
影响（下）：实证分析

本章是第七章的延续，在推广服务对农户农业技术采用影响理论分析的基础上，实证分析社会网络与推广服务对农户农业技术采用的交互影响。首先梳理有关社会网络与推广服务对技术采用交互影响的相关文献，提出问题——社会网络和推广服务在农户技术采用中到底是替代还是互补的？其次利用民勤县节水灌溉技术采用的农户调查数据，对因变量——农户节水灌溉技术采用效率进行测算；然后构建模型实证分析社会网络与推广服务对农户节水灌溉技术采用效率的交互影响效应；最后分析实证结果，探讨社会网络与推广服务交互作用下农户节水灌溉技术采用效率提高的实现途径。本章分析从实证上对社会网络和推广服务交互影响农户技术采用这一问题给出了证实，为政府借助非正式组织建立农户节水灌溉技术采用的激励制度提供决策参考。

一　问题的提出

社会网络和推广服务是农业技术扩散的两条主要途径，也是农户技术信息获取的两个主要渠道。社会网络是强调行为主体利用社会关系进行技术信息沟通及与外部互动的模式。农户技术采用是动态学习过程（Genius et al.，2014），农户通过社会互动获取技术信息，修正技术预期收益，做出采用决策。社会网络具有提供共享信息、降低风险、弥补正式制度缺陷的功能（Fukuyama，2000），中国是血缘、亲缘、地缘、业缘关系交织的具有明显社会网络特征的国家，尤其"差序格局"（费孝通，1948）下的中国西部地区，以亲疏差序原则为行为取向的社会网络关系在农户技术采用中扮演重要角色。而推广服务则强调政府对农户技术采用的干预、控制以及制度化的联系渠道，在农业技术推广中发挥着主渠道作用。长期以来，政府技术推广服务难以适应市场经济条件下农户多样化的技术需求，导致农业技术有效供给与需求不足以及政府推广效率低下等问题。

推广服务与社会网络之间可能存在复杂的关联关系（Duflo et al.，2011；Genius et al.，2014）。Goyal 和 Netessine（2007）认为，通过建立"示范户"的方式，依赖一个核心成员传播信息，能够减少技术采用不确定性，提高技术利用效率。但是，推广服务和社会网络在技术采用中存在何种关系目前尚不能确定。Duflo 等（2011）发现，当通过政府机构进行技术推广时，社会学习的证据不足；而 Genius 等（2014）通过农业灌溉技术采用的实证研究得出，推广服务和社会学习是技术采用和推广的强决定因素，而两种信息渠道的有效性因对方的存在增强。那么，在农户节水灌溉技术采用中，社会网络与政府推广服务之间存在何种关系？社会网络（非正式组织）发挥作用是对推广服务（正式组织）的一种替代还是互补？这些问题的回答对理解农户节水灌溉技术采用过程中社会网络作用机制非常重要。

以往农业技术采用与推广研究中存在对二者互动关系的忽视，导致以政府为主导的推广组织效率低下和对农民需求反应弱的问题（World Bank，2007）长期得不到有效解决。此外，社会网络具有丰富的内涵，现有研究往往从某一维度出发研究其对农户技术采用的影响（Conley and Udry，2010；Foster and Rosenzweig，1995；Koundouri et al.，2006），得出的结论不尽相同甚至相互矛盾。与已有研究相比，本章独特之处在于，将社会网络及其维度与推广服务交互项引入模型，考察社会网络及其四个维度指标与推广服务交互影响农户节水灌溉技术采用效率的作用效果，探讨两者间存在替代还是互补关系。

二　因变量
——农户节水灌溉技术采用效率的测算

（一）农户技术采用效率概念界定

本章以农户节水灌溉技术采用效率作为因变量。这里要对技术效率和技术采用效率这两个概念做出界定。经济学意义上的技术效率是指投入与产出之间的关系。技术效率的概念最早是由 Farrell（1957）提出来的。他从投入角度定义技术效率，是指在相同产出下生产单元理想的最小可能投入与实际投入的比率。技术采用效率即采用某技术所带来的成效，例如，节水灌溉技术采用效率即采用节水灌溉技术后所带来的水资源的优化程度，再具体地说，节水灌溉技术采用效率即在产出和其他投入一定的情况下，采用节水灌溉技术后最优用水量与实际用水量之比。该最优用水量指不存在效率损失情况下的用水量。

（二）农户节水灌溉技术采用效率测算理论模型

测算技术效率通常采用数据包络分析法（DEA）和随机前沿生产函数法（SFA）。实际应用中，这两种方法各有利弊，最大的区别是，DEA 是非参数方法，而 SFA 是参数分析法，即 SFA 事先给出有关投入产出的模型而 DEA 没有。本研究中基于农户生产技术效率来测算农户节水灌溉技术采用效率，这一过程需要用到投入产出相关参数，因此选用 SFA 分两步走，首先计算农户生产技术效率，然后通过单一投入效率模型测算农户节水灌溉技术采用效率。这一方法在很多文献中均有采用，如王晓娟、李周（2005），王学渊、赵连阁（2008）以及许朗、黄莺（2012）等。

1. 农户生产技术效率测定

随机前沿生产函数分别被 Aigner 等（1977）以及 Meeusen 和 Van den Broeck（1977）独立提出，后经多位学者整理与改进，目前采用最多的是 Battese 和 Coelli（1995）的效率损失模型。该模型用随机前沿生产函数描述为：

$$Y_i = x_i\beta + (V_i - U_i), i = 1, 2, \cdots, N \tag{1}$$

其中，Y_i 为农户 i 的产出，x_i 为农户 i 的投入向量，β 为相应系数，V_i 为随机误差项且服从 $N(0, \sigma_V^2)$，U_i 为非负随机变量，该项代表农户生产中的技术无效，服从标准差为 σ_U^2 的截尾正态分布，V_i 与 U_i 独立。因此，农户的生产技术效率可表示为：

$$TE_i = \exp(-u_i) \tag{2}$$

假设 $\sigma^2 = \sigma_V^2 + \sigma_U^2$，$\gamma = \sigma_U^2/\sigma^2$，则 γ 取值 $(0,1)$，γ 越趋近于 0，那么技术损失主要来源于随机误差项，γ 越趋近于 1，则技术损失主要来源于技术无效。

2. 节水灌溉技术采用效率测定

采用单一投入要素效率模型测定农户的节水灌溉技术采用效率。单一投入要素效率是指在产出和其他投入给定的情况下，该要素最优投入量与实际投入量之比。以节水灌溉为例，单一投入要素效率可表示为：

$$WE = \min\{\lambda : f(x, \lambda_w; \alpha) \geq Y\} \rightarrow (0,1] \tag{3}$$

式中，WE 为节水灌溉技术采用效率，w 为实际用水量，x 为灌溉水以外的其他要素投入量，λ 为技术充分有效时的最优灌溉用水量与实际灌溉水投入量之比，λ_w 为最优灌溉用水量，α 为投入系数。要计算节水灌溉技术采用效率，需对 λ_w 做出估计。借助 Battese 和 Coelli（1995）的效率损失模型，可得不存在效率损失的模型：

$$Y_i = kw^* + x_i\beta + V_i \tag{4}$$

式中，w^* 为最优用水量，则可通过求解联立方程组

$$\begin{cases} Y_i = kw^* + x_i\beta + V_i \\ Y_i = kw_i + x_i\beta + (V_i - U_i) \end{cases}$$ 并估计参数得到农户节水灌溉技术采

用效率（Reinhard et al.，1999）。

3. 节水灌溉技术采用效率影响因素估计

通过以上两步可测算出农户节水灌溉技术采用效率，那么影响农户节水灌溉技术采用效率的模型则为：

$$WE_i = z_i\delta + e_i \qquad (5)$$

其中，WE_i 为农户 i 节水灌溉技术采用效率，z_i 为农户 i 节水灌溉技术采用效率的影响因素向量，δ 为其系数，e_i 为均值为 0 的独立同分布随机变量（Karagiannis et al.，2003）。

（三）农户节水灌溉技术采用效率实证测算

1. 样本筛选与说明

民勤县是中央财政小型农田水利建设重点县和国家高效节水灌溉示范县，早在 2004 年就开始实施节水型社会建设试点方案，采取培训、示范和田间指导等方式，积极推广管道输水、膜下滴灌、小管出流、小畦灌溉、垄作沟灌、垄膜沟灌、地膜再利用免耕等农业综合节水技术，切实提高水资源利用效率。截至 2014 年年底，全县高效节水灌溉面积累计达 39.88 万亩①。

对于本研究中的 481 份有效问卷（见第四章数据来源），针对本研究特征，选取其中采用节水灌溉技术种植玉米的 278 户农户作为样本。其主要原因是：民勤县农户种植结构复杂，主要种植作物十几种，不同作物需水量不同，用水效率自然也不同，选取一种作物作为研究对象的结果更可信；玉米是当地农户种植面积最大的作物，也是需水量最大的作物，提高其节

---

① 资料来源：http://www.minqin.gansu.gov.cn/Item/53832.aspx。

水灌溉技术采用效率可大大节省水资源，对当地环境可持续发展具有重大意义。

2. 农户节水灌溉技术采用效率测算

根据理论模型分析，首先测算农户生产技术效率，采用超越对数随机前沿生产函数可得：

$$
\begin{aligned}
\ln y_i =\ & \beta_0 + \beta_1 \ln(w_i) + \beta_2 \ln(L_i) + \beta_3 \ln(C_i) \\
& + \beta_4 [\ln(w_i)]^2 + \beta_5 [\ln(L_i)]^2 + \beta_6 [\ln(C_i)]^2 \\
& + \beta_7 \ln(w_i) \times \ln(L_i) + \beta_8 \ln(w_i) \times \ln(C_i) \\
& + \beta_9 \ln(L_i) \times \ln(C_i) + v_i + u_i
\end{aligned}
\tag{6}
$$

式中，y_i 代表农户 i 单位面积玉米收益，w_i 代表农户 i 单位面积灌溉用水费用，L_i 和 C_i 分别代表农户 i 单位面积的劳动力投入和资本投入，其中资本投入为单位面积玉米的种子、化肥、农药、机械、地膜等费用的总和，β 为待估计参数。

根据节水灌溉技术采用效率测定可得：

$$
WE_i = \exp\left[(-\zeta_i \pm \sqrt{\zeta_i^2 - 2\beta_4 u_i})/\beta_4 \right]
\tag{7}
$$

其中，$\zeta_i = \dfrac{\partial \ln y_i}{\partial \ln w_i} = \beta_1 + 2\beta_4 \ln(w_i) + \beta_7 \ln(L_i) + \beta_8 \ln(C_i)$。

采用 Frontier 4.1 软件估计超越对数随机前沿生产函数，估计结果如表 8-1 所示。

由表中结果可知，灌溉用水费用、劳动力投入、资本投入分别通过了 5%、1%、1% 的显著性检验，且符号为正，说明三种投入对农户玉米产出均具有显著正向影响。γ 值为 0.9367，并且在 1% 显著性水平上通过假设检验，说明玉米技术误差主要来源于技术非效率，占合成误差项的 93.67%，剩余部分主要由农户不可控因素引起，占 6.33%。

表 8 - 1　生产技术效率随机前沿模型估计结果

变量	参数	系数	标准误	T 统计值
常数项	β_0	2.41 ***	0.9987	2.4116
灌溉用水费用	β_1	0.34 **	0.1857	1.8505
劳动力投入	β_2	1.28 ***	0.4576	2.7879
资本投入	β_3	0.94 ***	0.2850	3.2975
灌溉用水费用二次方	β_4	-0.01	0.0100	-0.6815
劳动力投入二次方	β_5	-0.02	0.0443	-0.5583
资本投入二次方	β_6	-0.03	0.0255	-1.0593
灌溉用水费用 × 劳动力投入	β_7	-0.00	0.0431	-0.0562
灌溉用水费用 × 资本投入	β_8	-0.04 *	0.0265	-1.5038
劳动力投入 × 资本投入	β_9	-0.19 ***	0.0715	-2.6315
σ^2		0.1486 ***	0.0329	4.5203
γ		0.9367 ***	0.0247	37.9887
μ		-0.7462 ***	0.2155	-3.4632
Log likelihood		124.0968		
LR test		31.5077		

注:*** 、** 、* 分别代表统计检验达到 1% 、5% 和 10% 的显著性水平。

　　根据式（7）计算农户节水灌溉技术采用效率，表 8 - 2 是农户玉米生产技术效率与节水灌溉技术采用效率模型估计结果。表中将农户的玉米生产技术效率和节水灌溉技术采用效率的频率分布放在一起对比显示：农户玉米生产技术效率平均为 87.97% ，样本主要分布在 0.9 ~ 1 这一区间，占样本总数的 60.79% ，说明该区域农户所处农业环境相似，农户生产技术水平差异不大，生产技术效率分布比较集中；而农户节水灌溉技术采用效率分布则不同，技术采用效率远低于农户生产技术效率，平均为 63.98% ，说明在保持产出和其他生产条件不变的情况下，水资源具有 36.02% 的节约潜力；

此外，节水灌溉技术采用效率频率分布也呈现出波动趋势，在每个区间均有分布，这可能是农户自身、家庭以及其他因素影响造成的。因此，接下来将对影响农户节水灌溉技术采用效率的因素做出实证分析。

表 8 - 2　农户生产技术效率与节水灌溉技术采用效率模型估计结果

区间	生产技术效率		节水灌溉技术采用效率	
	样本数量	频率分布（%）	样本数量	频率分布（%）
0 ~ 0.2	0	0.00	15	5.40
0.2 ~ 0.3	0	0.00	9	3.24
0.3 ~ 0.4	0	0.00	6	2.16
0.4 ~ 0.5	0	0.00	22	7.91
0.5 ~ 0.6	6	2.16	27	9.71
0.6 ~ 0.7	15	5.40	66	23.74
0.7 ~ 0.8	17	6.12	98	35.25
0.8 ~ 0.9	71	25.54	33	11.87
0.9 ~ 1	169	60.79	2	0.72
最小值	0.5622		0.1141	
最大值	0.9842		0.9415	
平均值	0.8797		0.6398	

三　社会网络与推广服务影响农户节水灌溉技术采用效率的交互作用

（一）节水灌溉技术采用效率影响因素变量选择

已有研究表明性别、年龄、文化程度、务农年限、水价、耕地质量等因素影响水资源利用效率。王晓娟、李周（2005）研究发现，用水协会也显著影响农户用水效率。除此之外，水资源稀缺性程度（刘涛，2009）、用水环境（王格玲、陆迁，2013）、节水技术认知（许朗、黄莺，2012）对农户用水效率的影响也不容忽视，因此，本章在借鉴已有研究经验的基础上，选取以下指标作为农户节水灌溉技术采用效率的影响因素（见表8-3）。

表8-3 节水灌溉技术采用效率影响因素变量说明及描述

变量及符号		变量说明	均值	标准差
推广服务				
ES	推广服务	[0,1]	0.58	0.1917
社会网络				
SN	社会网络	[0,1]	0.43	0.1763
社会网络维度				
learning	网络学习	[0,1]	0.36	0.2019
interaction	网络互动	[0,1]	0.39	0.1817
reciprocity	网络互惠	[0,1]	0.66	0.1463
trust	网络信任	[0,1]	0.56	0.1689
其他因素				
z_1	性别	男=1，女=0	0.72	0.4483
z_2	年龄	以实际调研情况为准	52.44	8.8807
z_3	文化程度	不识字=1，小学=2，初中=3，高中（中专）=4，大专及以上=5	3.33	1.0509
z_4	用水协会	是否加入用水协会？是=1，否=0	0.37	0.4848
z_5	水资源稀缺性感知	机井是不是越打越深了？比以前浅了很多=1→5=比以前深很多	3.78	1.1529
z_6	用水环境	所在村子偷水现象多吗？特别多=1→5=从来没有	3.41	0.9329
z_7	水价	水价贵吗？一点都不贵=1→5=非常贵	2.01	1.3448
z_8	节水技术认知	节水灌溉对保障农业生产重要吗？非常不重要=1→5=非常重要	3.24	0.9158

（二）社会网络与推广服务交互影响农户节水灌溉技术采用效率的实证分析

根据农户节水灌溉技术采用效率的影响因素理论分析，结合因素选择，可将节水灌溉技术采用效率的影响因素表达为以下模型：

$$
\begin{cases}
WE = \delta + aES + bSN + \sum_j \gamma_j z_j + e \\
\qquad j = 1, \cdots, 8 \\
WE = \delta + aES + b_i SN_i + \sum_j \gamma_j z_j + e \\
\qquad i = 1, \cdots, 4; j = 1, \cdots, 8 \\
WE = \delta + aES + bSN + cES \times SN + \sum_j \gamma_j z_j + e \\
\qquad j = 1, \cdots, 8 \\
WE = \delta + aES + b_i SN_i + c_i ES \times SN_i + \sum_j \gamma_j z_j + e \\
\qquad i = 1, \cdots, 4; j = 1, \cdots, 8
\end{cases}
\tag{8}
$$

式中，WE 代表农户节水灌溉技术采用效率，ES 和 SN 分别代表农户推广服务指数和社会网络指数，SN_i 为社会网络四个维度指标，z_j 分别代表农户的性别、年龄、文化程度、用水协会、水资源稀缺性感知、用水环境、水价和节水技术认知，δ，a，b，c，b_i，c_i，γ_j 分别为待估计参数。

由于农户节水灌溉技术采用效率是处于 0 和 1 之间的受限变量，该变量不是正态分布，若直接采用最小二乘法（OLS）估计，结果将是有偏的，因此本章选用 Tobit 模型进行分析。

分别对社会网络指数、社会网络四个维度以及推广服务指数进行标准化处理，处理方法是（变量值－最小值）/（最大值－最小值），经过标准化处理后，变量值取值 [0,1]，这样经过标准化处理后的社会网络及其各维度指数与推广服务指数的数值在量级上将可比，有利于对比分析社会网络和推广服务两者对农户技术采用效率作用的大小。

针对社会网络和推广服务的交互作用到底是替代还是互补，表 8 - 4 中模型 3 和模型 4 中将加入交互项，为了防止交互项与原变量的多重共线性问题，对原始数据进行中心化处理（Dawson，2014）。以下是计量结果：模型 1 是将推广服务指数、社会网络指数、其他影响因素（$z_1 \sim z_8$）引入模型；模型 2 是将推广服务指数、社会网络四个维度指数、其他影响因素（$z_1 \sim z_8$）引入模型；模型 3 是在模型 1 的基础上加入了社会网络指数与推广服务指数的交互项；模型 4 是在模型 2 的基础上加入了社会网络四个维度指数与推广服务指数的交互项［具体模型见公式（8）］。

由表 8 - 4 模型估计结果可知，四个模型的 Prob > chi2 值均为 0.0000，说明模型拟合程度很好。此外对比分析发现，模型 3 的 LR chi2 值和 Log likelihood 值均比模型 1 的大，说明引入社会网络与推广服务交互项后，模型拟合程度提高；此外通过模型 4 和模型 2 的对比也可得出相同结果，说明引入社会网络四个维度与推广服务交互项后的模型更加与实际状况相符。同时对比四个模型发现，各变量系数符号及显著性基本保持一致，表明模型具有良好的稳健性。

表 8 - 4   社会网络与推广服务交互影响农户节水灌溉技术
采用效率模型估计结果

变量	模型 1	模型 2	模型 3	模型 4
推广服务	0.16 *** (0.0556)	0.17 *** (0.0556)	0.61 *** (0.1416)	1.21 *** (0.3343)

续表

变量	模型1	模型2	模型3	模型4
社会网络	0.21*** （0.0571）	—	0.88*** （0.2002）	—
网络学习	—	0.08* （0.0490）	—	0.47*** （0.1709）
网络互动	—	0.16*** （0.0515）	—	0.30* （0.1821）
网络互惠	—	0.08 （0.0680）	—	0.40* （0.2225）
网络信任	—	0.12** （0.0562）	—	0.52** （0.1996）
社会网络×推广服务	—	—	−1.10*** （0.3181）	—
网络学习×推广服务	—	—	—	−0.63** （0.2686）
网络互动×推广服务	—	—	—	−0.24 （0.2892）
网络互惠×推广服务	—	—	—	−0.53 （0.3692）
网络信任×推广服务	—	—	—	−0.69** （0.3169）
性别	0.02 （0.0217）	0.03 （0.0225）	0.03 （0.0213）	0.04* （0.0222）
年龄	0.00 （0.0011）	0.00 （0.0011）	0.00 （0.0011）	0.00 （0.0011）
文化程度	0.07*** （0.0094）	0.07*** （0.0094）	0.07*** （0.0092）	0.07*** （0.0093）
用水协会	0.03* （0.0191）	0.03* （0.0190）	0.03 （0.0188）	0.03 （0.0189）
水资源稀缺性感知	0.02*** （0.0085）	0.02** （0.0086）	0.02** （0.0084）	0.02** （0.0084）
用水环境	0.03*** （0.0101）	0.03*** （0.0101）	0.03*** （0.0100）	0.03*** （0.0100）
水价	0.03*** （0.0072）	0.03*** （0.0072）	0.04*** （0.0070）	0.04*** （0.0071）

变量	模型 1	模型 2	模型 3	模型 4
节水技术认知	0.02 ** (0.0104)	0.02 ** (0.0103)	0.03 ** (0.0102)	0.03 ** (0.0101)
_cons	-0.07 (0.1003)	-0.21 * (0.1176)	-0.37 *** (0.1309)	-0.86 *** (0.2311)
LR chi2	98.6900	103.1200	110.3300	115.8800
Prob > chi2	0.0000	0.0000	0.0000	0.0000
Log likelihood	129.3371	131.5534	135.1586	137.9344

注：***、**、* 分别代表统计检验达到 1%、5% 和 10% 的显著性水平；括号内为标准误。

由模型 1 结果可知，除年龄外所有系数符号为正，说明这些因素对农户节水灌溉技术采用效率均有正向影响。从显著性来看，社会网络和推广服务均通过了 1% 的显著性检验。文化程度、用水协会、水资源稀缺性感知、用水环境、水价和节水技术认知分别在 1%、10%、1%、1%、1%、5% 的水平上显著。

通过分析以上计量结果发现：社会网络与推广服务均有利于提高农户节水灌溉技术采用效率，说明农户社会网络存量越高，对推广服务越认可，那么农户的节水灌溉技术采用效率就越高，这主要是因为社会网络和推广服务是农户信息获取的两条主要途径，无论是通过推广服务渠道还是通过社会交流（社会网络），都是对节水灌溉技术学习的过程，都有利于农户更快更好地掌握技术、积累经验、选择最优的投入组合，因此，两者均有利于提高农户节水灌溉技术采用效率。从系数大小来看，社会网络对农户节水灌溉技术采用效率的影响系数为 0.2130，大于推广服务系数（0.1561），说明社会网络对农户节水灌溉技术采用效率的影响作用大于推广服务的影响。可

见，社会网络和推广服务均对农户节水灌溉技术采用效率有显
著正向作用。

由模型2结果可知，社会网络四个维度对农户节水灌溉技
术采用效率均具有正向影响，说明社会网络各维度指标越大，
农户节水灌溉技术采用效率越高；从显著性上看，社会网络四
个维度中，网络学习、网络互动和网络信任分别以10%、1%、
5%通过显著性检验，而网络互惠不显著。出现这样结果的可
能的原因是，网络学习能够产生知识溢出效应（Glaeser et al.，
1992），农户可通过网络学习调整农业投入（Conley and Udry，
2010），提高技术采用效率。农户通过网络互动获取技术信息
进行学习可有效减少风险不确定性（Besley and Case，1993；
Foster and Rosenzweig，1995）。网络信任可减少交易成本、促
进合作（Harvey and Sykuta，2005），农户与其家人及朋友间的
社会网络是在长期强烈责任感下形成的，体现了相互信任，是
最不容易解开的（Granovetter，1985），农户通过网络信任能
最容易地获取亲友的成熟经验，更有利于技术采用效率的提
高。而现代经济社会网络成员间的合作、联合及协调的互惠关
系（Andreoni and Miller，1993；Fehr and Gacher，2000）可促
使个人追求自身利益的同时，兼顾他人利益，实现自身利益与
他人利益的共同改进（谢洪明等，2011），有益于农户技术采
用效率的提高；然而农民群体的知识水平局限性，使得这一互
惠关系体现在农业生产中的效果不甚理想，这也是网络互惠对
农户节水灌溉技术采用效率作用不显著的可能原因。

由模型3结果可知，整体上社会网络与推广服务对农户节
水灌溉技术采用效率的影响符号均为正，且以1%显著性通过
检验，说明两种信息获取途径均有利于农户节水灌溉技术采用

效率的提高，进一步验证了模型 1 的结果。模型中社会网络与推广服务交互项的系数为负，通过 1% 显著性检验，说明社会网络和推广服务之间存在替代作用，随着社会网络的增加，推广服务对农户节水灌溉技术采用效率的提高作用在减弱，或者说随着推广服务的加强，社会网络对农户节水灌溉技术采用效率的提高作用在削弱。

由模型 4 结果可知，社会网络四个维度和推广服务系数为正，且推广服务以 1% 显著性水平通过检验，网络学习、网络互动、网络互惠、网络信任分别通过 1% 、10% 、10% 、5% 的显著性检验，这与之前分析基本一致。在加入社会网络与推广服务交互项后，网络学习和网络信任与推广服务交互项均通过 5% 的显著性检验，网络互动和网络互惠与推广服务交互项不显著，从系数符号来看各交互项系数都为负，说明社会网络四个维度与推广服务在提高农户节水灌溉技术采用效率时均存在替代作用，也就是说四个维度对农户节水灌溉技术采用效率的提高作用都会随着推广服务的增加而削弱。

以上结果说明社会网络指数和社会网络维度中的网络学习和网络信任与政府推广服务之间存在明显替代关系。网络互动和网络互惠虽然符号也为负，也就是说与政府推广服务也是替代关系，但未能通过显著性检验。可能是本研究样本量偏少，并且只选取一个县进行调研，存在同质性问题造成的。

除社会网络以外，本章还重点关注了用水协会、水资源稀缺性感知、用水环境、水价和节水技术认知对农户节水灌溉技术采用效率的影响。已有文献发现，用水协会对农户用水效率具有积极影响（王晓娟、李周，2005），一方面，成立用水协会将有利于水利设施管理与维修、水资源分配、减少用水纠纷等；另一方面，用水协会的成立也有益于农户水资源利用意识的提高，因此对农户节水灌溉技术采用效率的提高起到了积极的作用。

　　农户水资源稀缺性感知越强，越有利于节水灌溉技术采用效率的提高。随着农户环境意识的提高，对水资源稀缺性认识也越来越深刻，尤其是民勤县特殊的大陆沙漠气候特征使得世世代代生活在这里的人们跟自然环境搏斗，强烈的水危机意识驱使农户节水、爱水，因此在生产决策中慎重使用每一滴水以提高水资源利用效率。

　　改善用水环境也可显著提高农户节水灌溉技术采用效率。一方面，偷水现象越多，农户用水越没有保障，用水效率越低；另一方面，偷水行为的发生势必建立在破坏水利设施的基础上，而水利设施的破损将导致维修与管理费用的增加、水资源的浪费，当然也影响农户间的感情，不利于用水效率的提高。因此，偷水现象越少，也就是说用水环境越好，农户节水灌溉技术采用效率越高。

　　水价是农户水资源消费的调节器，水价合理可优化水资源配置，缓解水资源短缺和水资源需求大的矛盾，农户是理性个体，水价增加使得农户关注水资源管理，若水价高于农户内心合理价位，农户将减少用水量、找寻提高水资源利用效率的途径，因此对节水灌溉技术采用效率的提高有正向作用。

　　节水灌溉技术认知越深刻越有利于农户节水灌溉技术采用效率的提高。提高用水效率不能单纯地依靠省水，还要保证作物正常生长。传统理论认为，要保证作物生长就不能省水，省水作物必然产量不高，节水与高产是不可调和的矛盾体，事实上，好的灌溉技术可将节水与高产合二为一，同时达到两个目标。那么农户对节水灌溉技术了解越多，掌握得越纯熟，越有利于同时达到节水与增产的目的，自然就有利于节水灌溉技术采用效率的提高。

四 结果与启示

本章基于甘肃民勤农户节水灌溉技术采用数据，采用随机前沿生产函数测算农户节水灌溉技术采用效率，并用 Tobit 模型证明社会网络及其维度和推广服务对农户节水灌溉技术采用效率影响显著，通过引入交互项分析社会网络指数及其四个维度与推广服务的影响关系，最终得出以下结论。

（1）社会网络与推广服务均对农户节水灌溉技术采用效率的提高具有促进作用，两者缺一不可，并且社会网络作用更大。

（2）社会网络与推广服务对农户节水灌溉技术采用效率的提高作用具有替代性。

（3）社会网络维度中，网络学习、网络互动、网络信任对农户节水灌溉技术采用效率具有显著正向影响。

（4）从社会网络维度看，网络学习、网络信任在提高农户节水灌溉技术采用效率时，与推广服务存在显著替代关系。

（5）除社会网络和推广服务显著影响农户节水灌溉技术采用效率外，农户文化程度、用水协会、水资源稀缺性感知、用水环境、水价和节水技术认知等因素也对农户节水灌溉技术采用效率的提高产生重要影响。

以上结论的政策含义在于：一方面，政府在推广农业技术时应注重社会网络的培育，利用社会网络的信息传播与获取、风险规避等功能，使农户通过相互学习、向他人学习来积累农业技术知识，提高技术采用效率；另一方面，政府应针对不同区域施以不同推广方式，具体来说，对于地域偏僻、社会网络固化的农村应加大推广服务力度，通过农技部门与农技推广人员的技术指导与培训来提高技术采用效率，而对于离城镇较近、社会网络发达的农村应重点培育示范户，通过典型农户的示范带头作用推广新技术、提高技术采用效率。此外，政府还应注重水价、水权管理和节水技术宣传等政策措施的配合使用，从而使政府推广服务在提高农业技术采用效率时发挥更有效的作用。

五 本章小结

本章将社会网络和推广服务纳入统一分析框架，运用 To-bit 模型验证社会网络和推广服务在提高农户节水灌溉技术采用效率中的影响效应及其交互作用机理。研究发现如下：一是社会网络与推广服务均对农户节水灌溉技术采用效率的提高具有促进作用，但社会网络与推广服务对农户节水灌溉技术采用效率的提高作用具有明显的替代关系；二是社会网络各维度中，网络学习、网络互动、网络信任对农户节水灌溉技术采用效率的作用具有显著正向影响，但在提高农户节水灌溉技术采用效率时，网络学习和网络信任与推广服务存在显著替代关系。

▶ 第九章

结论与建议

本书从社会网络视角出发，梳理国内外有关社会网络的文献，将社会网络划分为网络学习、网络互动、网络互惠、网络信任四个维度，采用甘肃民勤农户的调查数据，分析农户节水灌溉技术采用的现状，并找出农户节水灌溉技术采用存在的问题。在此基础上，从理论和实证两方面分析了社会网络影响农户节水灌溉技术采用的影响关系、影响路径以及社会网络与推广服务对农户节水灌溉技术采用的交互影响。本章将对研究结论做出总结，并针对研究结论提出促进农户节水灌溉技术采用的可行性建议。

一　研究结论

（一）社会网络内涵及结构

社会网络是个人社会联系网中的信息、信任及互惠的规范，它以网络资源为基础，以群体活动长期形成的规则与制度为保障，通过各成员间的学习、互动、互惠与信任维持其运行；依据社会网络内涵，可将社会网络划分为网络学习、网络互动、网络互惠、网络信任四个维度；通过测算农户社会网络，发现技术采用者的社会网络存量总是大于未采用者。

（二）农户节水灌溉技术采用认知与行为特征

农户对水资源稀缺性感知强烈；大多数农户对节水灌溉技术具有一定认识，农户主要通过社会网络和政府推广服务两条途径获得技术信息；农户不愿意采用节水灌溉技术的原因包括土地分散不易使用、投资大预期回报低、后期易损坏无人维修等；目前有 25.36% 的农户没有采用节水灌溉技术，不采用的原因较多；农户是节水灌溉设施最主要的维修主体，农户节水灌溉设施维修不及时；采用节水灌溉技术对水费、收入、产量的变化作用不大，但可节省劳动力、节约水土资源、减少用水纠纷。目前，农户节水灌溉技术主要存在技术适用性差、政府管理不善和农户意识薄弱三个方面的问题。

（三）社会网络对农户节水灌溉技术采用具有促进作用

无论是社会网络指数还是社会网络维度，对农户节水灌溉技术的采用决策、采用率、采用效率均具有正向促进作用。社会网络通过信息获取机制、社会学习机制、风险分担机制和服务互补机制四种机制影响农户节水灌溉技术采用，社会网络对农户节水灌溉技术采用决策具有正向促进作用；社会网络指数及社会网络维度对农户节水灌溉技术采用率均具有显著正向影响，社会网络越丰富，农户节水灌溉技术采用率越高；社会网络指数对农户节水灌溉技术采用效率的提高具有促进作用，社会网络维度中网络学习、网络互动、网络信任显著提高农户节水灌溉技术采用效率。

（四）社会网络与农户节水灌溉技术采用之间呈现倒 U 型关系

社会网络指数与农户节水灌溉技术采用之间呈现典型的倒 U 型关系：在技术采用初期，社会网络对农户节水灌溉技术采用影响逐渐增大；在技术采用后期，社会网络对农户节水灌溉技术采用影响逐渐减小。社会网络不同维度对农户节水灌溉技术采用的影响存在差异，其中，网络互惠对农户节水灌溉技术采用具有正向作用关系，而网络学习、网络信任和网络互动与农户节水灌溉技术采用之间呈现倒 U 型关系。

（五）社会网络对农户节水灌溉技术采用存在中介效应

社会网络通过直接效应和间接效应两条路径影响农户节水灌溉技术采用，其中社会网络对农户节水灌溉技术采用的直接效应占主导地位；社会网络可通过收入结构、收入水平、信贷约束、种植结构和技术认知五条间接路径影响农户节水灌溉技术采用，其中信贷约束对其间接影响贡献最大、方向为正，收入水平贡献第二、方向为负，技术认知、收入结构和种植结构贡献依次变小，并且技术认知与种植结构间接效应为正、收入结构间接效应为负。

（六）社会网络与推广服务在促进农户节水灌溉技术采用时具有替代性

社会网络与推广服务均对农户节水灌溉技术采用效率的提高具有促进作用，两者缺一不可，并且社会网络与推广服务对农户节水灌溉技术采用效率的提高作用具有替代性；社会网络维度中，网络学习、网络互动、网络信任对农户节水灌溉技术采用效率具有显著正向影响，并且网络学习、网络信任在提高农户节水灌溉技术采用效率时，与推广服务存在显著替代关系。

（七）其他因素对农户节水灌溉技术采用的影响

除社会网络以外，还有其他一些因素对农户节水灌溉技术采用产生显著影响，例如：水价、用水纠纷、耕地面积和耕地块数等因素对农户节水灌溉技术采用决策具有显著影响；性别、耕地面积、灌溉支出比例、风险偏好等因素对农户节水灌溉技术采用率影响显著；农户文化程度、用水协会、水资源稀缺性感知、用水环境、水价和节水技术认知等因素也对农户节水灌溉技术采用效率的提高具有重要影响。

二　政策建议

农户节水灌溉技术采用问题事关中国粮食安全和国家农业科技转型。推广节水灌溉技术、提高农户节水灌溉技术采用率是现代农业发展的必然途径。社会网络对农户节水灌溉技术采用的重要影响是加快农业技术的扩散，因此，根据研究结论，本书提出以下政策建议，以期为政府节水灌溉技术推广事业提供拓展路径。

（一）注重社会网络建设与培育，强化农户社会学习与示范带头作用

社会网络是农户节水灌溉技术信息获取的一条主要途径，

农户社会网络质量好坏，直接关系农户节水灌溉技术信息传导的质量高低。因此，政府应加大力度建设和培育农村社会网络，通过农户节水灌溉技术信息交流与传播，拓宽农业技术推广路径，提高农户节水灌溉技术扩散速度，加快农户节水灌溉技术采用。具体地，应从以下几个方面着手。

（1）加强农村社区基础设施建设，为社会网络培育创造条件。良好的基础设施可为农户社会网络建设提供更加适合的环境与平台，政府应当加大农村基础设施投入力度，增强农村基础设施实用性，建立多元化金融体系引导农村基础设施建设发展，完善相关经营管理体制，提高农村社区基础设施使用效率。

（2）培育和发展农村社区组织，鼓励农户网络学习。农村社区组织是农户网络学习的最好载体。通过农村社区组织引导农户改变社会网络现状，促进农户网络学习，有利于农户节水灌溉技术采用。政府应重视农业协会、农业合作社等组织的发展。通过立法形式承认农民组织的合法性，法律认可有利于农户和国家间的协调发展，政府承认农民组织的合法地位，也可为各种惠农政策的引导创造条件；此外，制度上的保障必不可少，给予农民组织金融政策支持和人才优惠政策都有益于农民组织的健康发展；当然，科技支持对于农村社区组织至关重要，提供科技支持，通过培训等方式为农村社区组织发展提供技术支持。

（3）提高农户集体活动参与率，加强农户社会网络互动。集体活动的参与有利于农户社会网络的扩展，为农户获取技术信息提供平台。因此，提高农户集体活动参与率举足轻重，如一事一议、乡村自治等。活动前要加强活动宣传，引导农户明确活动目的、意义、内容等，这些都有利于参与率的提高。活动过程中严格遵循活动程序，清晰的活动规则有利于农户心声的表达，可调动农户集体活动参与的积极性；活动后结果公开，结果公开可增加集体活动的透明度和可信度，是农户参与的保障。

（4）优化技术信息获取渠道，加强农户网络互惠。建立多元技术信息获取渠道，将信息传递到农户手中。鼓励农户与亲朋好友交流，通过农户经验交流与分享，加强农户社会网络互惠。除了亲朋好友之外，农户最易接受的信息渠道是电视、广播等媒介，政府可以通过发展农村电视、广播工作，加强电话网络设施建设，优化农户技术信息渠道。此外，加强农村市场管理，推进农业市场信息化，促使"农业信息"进村入户。

（5）加强农村社区文化生活建设，提高农户网络信任度。开展丰富多彩的农村社区文化活动，可以丰富农户业余生活、加深感情，为农户间信任度的提高创造机会。政府须重视农村社区传统文化的挖掘，给予官方肯定，重新构建适合当代农村发展的文化形态，注重农村文化产品的创新与繁荣，健全农村文化市场管理体制，提高农村文化工作者素质。

（二）注重推广服务改进与提高，分阶段制定差异化技术推广策略

（1）完善政府推广服务体系。目前，农业发展依靠科技进步的主要思路没有变，政府推广服务仍是中国农业技术扩散的主要途径，因此，提高政府推广服务效率仍是农业推广服务体系中的重中之重。以农户技术需求为出发点，通过功能定位、机制创新、体制改革等方面完善政府推广服务体系，积极探索政府推广服务新思路。具体来说，一是要加强农业科技推广队伍建设；二是要加快先进技术的引入、示范与推广；三是要提高农技推广网点覆盖率，解决农户与农技部门的对接问题等。

（2）创新推广服务方式。加快农业科技的推广与普及还要积极探索多层次、多样化的推广服务方式。目前，农业推广方式单一，主要依靠行政指令进行项目推广，农户在推广过程中参与度低、地位被动，是造成农户技术需求无法表达，政府推广服务效率低的主要原因。随着科技进步和大众传媒的发展，农业推广方式与手段也越来越多，可组织技术研讨班、短训班，田野现场示范、个体访问等面对面直接向农户提供农业技术知识，也可借助农业出版物、电视广播、电话网络等间接渠道推广技术信息。与此同时，还应注意推广服务的市场化，为农户提供开放性、多元化的技术推广服务，以更加符合农户实际技术需求，更加密切联系农业市场经济。

（3）注重政府推广服务与农户社会网络相结合。作为正式组织的政府推广服务要发挥到极致的效果，还需借助农户自身社会网络这种非正式组织的帮助，通过正式组织与非正式组织相结合，有目的地实施技术推广。对于地域偏僻、社会网络固化的村子应加大推广服务力度，通过农技部门与农技推广人员的技术指导与培训来提高节水灌溉技术采用效率；而对于离城镇较近、社会网络发达的村子应重点培育示范户，通过典型农户的示范带头作用推广节水灌溉技术、提高技术采用效率。

（4）制定差异化的技术推广策略。在技术采用不同阶段，社会网络对农户节水灌溉技术采用的影响作用不同，因此在制定政策时，根据农户技术采用所处阶段，制定差异化的推广策略。具体来说，在节水灌溉技术采用初期，农户对新技术认知较少，社会网络的信息传播功能有利于农户尽快认识新技术，因此，此阶段应着重利用农户的社会网络关系促进农户节水灌溉技术交流，如示范户带头、领导农户推荐等，促使农户做出采用决策。在技术采用中期，农户对节水灌溉技术有一定认识，在技术使用过程中也累积了一定经验，此时社会网络对农户节水灌溉技术采用的促进作用最大，因此应该借助社会网络风险规避功能以及社会网络学习功能，鼓励农户互相分享农业节水灌溉技术使用经验、相互探讨技术使用过程中的问题，以提高农户节水灌溉技术采用率。在技术采用后期，农户对技术掌握较多，有关技术的经验已经相互分享，农户通过社会网络无法解决更深刻的问题，此阶段社会网络对农户节水灌溉技术采用的促进作用减缓，应该借助政府推广组织的专业技术推广人员解决采用中的难题，从而提高农户节水灌溉技术采用效率。

（三）配套其他保障措施，营造良好环境诱导农户节水灌溉技术采用

（1）加快农村土地流转。土地经营模式单一、土地流转制度不健全，造成农业技术应用不畅，农业技术推广困难，由此带来现代农业发展的一系列困境。土地流转是农业产业化、规模化经营的必经之路，完善农村土地流转制度，加快推进农村土地流转，实现农村土地的规模化经营是现代农业发展的重要手段。一是要加大农村土地流转宣传力度，通过电视、报纸、杂志等媒介以及社会网络等途径对土地流转政策进行宣传；二是要规范土地流转市场，完善土地流转过程中的登记、

合同等制度，避免为后期埋下土地纠纷隐患；三是注重土地规模经营主体，如大农户、家庭农场主的培育，加大土地规模化经营支持力度，培养潜在大农户，通过建立适当奖励补贴制度刺激土地流转，推进规模化经营进程；四是要创新土地流转机制，施行多样化土地流转制度，如集体委托流转、土地股份制、土地互换、自行协商流转等。

（2）加快农村金融体制改革。农村金融是农村经济发展的基础，为农业科技化提供资金保障，在促进农村经济发展、调整农村产业结构、增加农户收入方面发挥了积极作用。加快农村金融体制改革，通过充分利用当地农户的社会网络来开展农村金融改革工作，有利于社会网络与农村金融联合起来解决农户资本密集型技术采用的资金困难问题。在农村金融体制改革时，应该有目的地关注以下几个方面：一是简化有关贷款程序和抵押担保制度，降低金融准入门槛；二是探索农业保险制度，分散农户农业生产风险；三是加强对小额信贷等农村金融机构的规范与监管，促进农村金融健康有序发展；四是加强民间借贷、信用担保、抵押等其他融资渠道的制度建设并加大监管力度。

（3）注重农户科技文化水平的提高。科技文化素质直接影响着农户生产发展和生活改善，是影响农户节水灌溉技术采用的重要因素。提高农户科技文化水平有利于调动农户生产积极性，有利于农户提高认识、接受新鲜事物、接纳新的农业技术。通过发展既适应社会主义市场经济又富有农村特色的农村教育体系来提高农户科技文化水平。健全农村义务教育体制，发展农村职业教育和成人教育体系，全面提高农村劳动者素质。

（4）提高农户节水灌溉技术认知。技术认知直接影响农户技术采用决策，提高农户技术认知有利于节水灌溉技术的扩散及农户技术采用率的提高。随着网络在农村的发展和普及，农户了解技术信息的渠道拓宽了。政府可利用网络工具开展节水灌溉技术的宣传和培训，农户不仅可以获得节水灌溉技术信息，还可以获得市场信息和政策信息，改变农业生产的盲目性，改变固有的生产习惯，加快节水灌溉技术的应用进程。当然，政府需采取积极的防范措施，加强对网络虚假信息的监督与整治。

（5）构建良好的农村用水环境。一是要制定合理的水价，制定既满足农户灌溉用水需求又不会导致农业用水浪费，既符合农户接受水平又满足国家节水政策的水价收取标准。二是要注重农民用水协会的发展，通过用水协会传达国家节水政策，提高农户水资源稀缺性感知认识，促进高效节水技术的应用与扩散。三是要注重农户意识的提高，从制度上和观念上共同着手，减少农村偷水现象的发生，预防农户用水纠纷的产生。

▶ 结　语

基于上述分析，本书认为，下一步的研究应该注意以下三个方面的问题。

1. 注重样本选择的代表性和随机性相结合

样本数据是研究的基础，样本数据质量决定了实证研究的可靠性与普遍适应性。如何保证样本兼具代表性和随机性，是实证研究中的棘手问题。在本书中，农户的节水灌溉技术采用是一个动态过程，在不同的采用阶段，社会网络对农户节水灌溉技术采用的影响不尽相同。例如，在技术引进阶段，农户对技术认知不多，迫切需要了解新技术的功能、操作方法等基本信息，在此阶段社会网络的作用就是利用信息获取机制将有关新技术的基本知识从示范农户（或者领导农户）到普通农户的自上而下、由里及外地传播出去，让普通农户能够对新技术形成初步认识，从而形成初步采用决策。在新技术使用一段时间后，农户对新技术已有一定认识，对于技术的适用性、优缺点已有切身体会，这时社会网络的风险分担功能使农户通过相互交流、分享技术使用经验，规避农户技术采用过程中可能发生的风险，从而加快技术扩散、提高农户技术采用率。在技术采用后期，大多数农户对技术的特点已有不少经验累积，简单的经验分享已不能满足农户需求，社会网络的学习机制可使农户在遇到技术难题时互相探讨学习来解决，从而提高技术采用效率。由此可见，一方面，社会网络对农户节水灌溉技术采用的研究应该也是一个长期变化的过程，单纯的某一时点的截面数据难以对这一问题有深刻的研究，若能获取长期的跟踪调查数据，对于深入研究社会网络影响农户节水灌溉技术采用的机制问题意义深远。另一方面，从调查区域上说，样本选择要具有代表性，不能完全局限于一个地点（可能出现同质性问题）。本研究样本仅选取了甘肃省民勤县为调查区域，有些遗憾。当然，这种区域和时间跨度大的严谨细致的调查数据需要大量的人力、财力、物力和时间的投入，当前条件下，已有研究的调查成果实属不易。在今后的研究中，可形成完善的调查体系、建立多样化的固定观测点、组织调查团队进行长期跟踪调查、形成有关社会网络影响农户节水灌溉技术采用的数据库，以更加深入地了解社会网络影响农户节水灌溉技术采用的机制，将更有意义。

2. 注重研究方法的规范性与实证性相结合

近年来，实证研究的趋势日益明显，大量研究通过多样化的实证模型进行分析，而忽略了研究内容理论内涵的解释，缺乏规范性。并且对于实证模型，要针对所研究的问题进行选择，仅仅考虑模型复杂性，简单照搬国外复杂模型，而忽略模型本身适应性是事倍功半的。以本研究为例，有关社会网络影响农户节水灌溉技术采用的研究，需要重视其理论原理，做到理论分析与实证分析相结合、重视研究规范性与实证性。当然，也不可故步自封，过于强调传统研究方法而忽视创新。已有大量研究将农户技术采用看作一次性采用过程，通过二分变量的 Logistic 或 Probit 回归分析农户技术采用问题不尽合理，因为现实中，农户技术采用是一个连续性的或"逐步的"过程，即农户技术采用是动态过程，农户通过学习和经验积累逐步修正技术评价，做出采用决策。

另外，对于有关概念的把握也要注重其多样化内涵。以社会网络研究为例，社会网络本属社会学范畴，由于其丰富的内涵和强大的解释力，慢慢被引入经济学的研究中。现有文献中多选取单个变量作为社会网络测度指标，如边燕杰（2004）选取逢年过节亲朋好友联系数量作为社会网络代理变量，赵雪雁（2012）选取农户家庭年人情支出来衡量社会网络变量。由于社会网络内涵丰富，单一指标无法全面解释其内涵，从某一维度出发进行研究必然导致结果的不一致性，甚至得出完全相反的结论。因此，选取合适的社会网络的代理变量对于社会网络研究至关重要。

3. 注重研究内容的系统性和深入性相结合

相比于国外研究，国内鲜少关注农户技术采用的社会网络效应，对社会网络影响农户节水灌溉技术采用的机制问题缺乏系统深入的研究。具体来说，目前国内外有关社会网络影响农户节水灌溉技术采用的研究角度区别较大，国外研究注重社会网络在农户技术采用过程中的社会学习（learning from others）效应，而国内学者更多地侧重于将社会网络作为农户节水灌溉技术采用的影响因素进行研究，关注社会网络影响农户节水灌溉技术采用的程度深浅、方向如何，缺乏对社会网络影响农户节水灌溉技术采用的内在机理的系统深入的讨论，导致农业技术推广激励制度一直停留在难以满足农户多样化技术需求的效率低、效果差的局面难以自拔。因此，从社会网络影响农户技术采用的内在机理出发，探索农户利用社会网络进行社会学习的基本原理，是未来研究的主要趋势。值得指出的是，社会网络影响农户节水灌溉技术采用的学习效应研究必须以农户技术需求出发，因为农户既是农业生产的主体，又是农业技术采用的主体，基于农户技术采用行为，解析社会网络影响农户节水灌溉技术采用的社会学习微观机理，提炼出激励性因子，赋予政策含义，是农户节水灌溉技术采用微观激励机制建立的逻辑所在。

参考文献

边燕杰，1999，《社会网络与求职过程》，《国外社会学》第 4 期。

边燕杰，2004，《城市居民社会资本的来源及作用：网络观点与调查发现》，《中国社会科学》第 3 期。

曹建民、胡瑞法、黄季焜，2005，《技术推广与农民对新技术的修正采用：农民参与技术培训和采用新技术的意愿及其影响因素分析》，《中国软科学》第 6 期。

查世煜，1994，《关于市场经济条件下农业科技成果商品化问题的几点思考》，《科技进步与对策》第 4 期。

常向阳、赵明，2004，《我国农业技术扩散体系现状与创新——基于产业链角度的重构》，《生产力研究》第 2 期。

陈莉平、万迪昉，2006，《嵌入社会网络的中小企业资源整合模式》，《软科学》第 6 期。

储成兵，2015，《农户 IPM 技术采用行为及其激励机制研究》，中国农业大学博士学位论文。

戴立新，2008，《我国农业推广体系存在的问题及对策》，《现代农业科技》第 6 期。

方松海、孔祥智，2005，《农户禀赋对保护地生产技术采纳的影响分析——以陕西、四川和宁夏为例》，《农业技术经济》第 3 期。

费孝通，1948，《乡土中国》，北京三联书店。

奉公、周荣荣、何洁、董炳艳，2005，《从农民的视角看中国农业科技的供求、传播与采用状况》，《中国农业大学学报》（社会科学版）第 2 期。

付秋华，2010，《节水灌溉的类型及其应用效果》，《吉林蔬菜》第 2 期。

付少平，2004，《农民采用农业技术制约于哪些因素》，《经济论坛》第 1 期。

高强、孔祥智，2013，《我国农业社会化服务体系演进轨迹与政策匹配：1978～2013 年》，《改革》第 4 期。

葛会波，2011，《关于加快农业科技转化的提案》，《中国科技产业》第 3 期。

葛继红、周曙东、朱红根、殷广德，2010，《农户采用环境友好型技术行为研究——以配方施肥技术为例》，《农业技术经济》第 9 期。

韩青、谭向勇，2004，《农户灌溉技术选择的影响因素分析》，《中国农村经济》第 1 期。

何可、张俊飚、丰军辉，2014，《自我雇佣型农村妇女的农业技术需求意愿及其影响因素分析——以农业废弃物基质产业技术为例》，《中国农村观察》第 4 期。

胡枫、陈玉宇，2012，《社会网络与农户借贷行为——来自中国家庭跟踪调查（CFPS）的证据》，《金融研究》第 12 期。

胡海波，2010，《在线社会网络结构、演化及动力学研究》，上海交通大学博士学位论文。

胡瑞法，1998，《农业科技革命：过去和未来》，《农业技术经济》第 3 期。

黄光国，1985，《人情与面子：中国人的权利游戏》，台北巨流图书公司。

黄季焜，1994，《农业技术进步测定的理论方法（农业技术的采用和扩散)》，中国农业科技出版社。

黄季焜、胡瑞法、宋军、罗泽尔，1999，《农业技术从产生到采用：政府、科研人员、技术推广人员与农民的行为比较》，《科学与社会》第 1 期。

黄季焜、李宁辉、陈春来，1999，《贸易自由化与中国农业：是挑战还是机遇》，《农业经济问题》第 8 期。

黄祖辉、王建英、陈志钢，2014，《非农就业、土地流转与土地细碎化对稻农技术效率的影响》，《中国农村经济》第 11 期。

金耀基，1992，《关系和网络的构建：一个社会学的诠释》，《二十一世纪》第 8 期。

金耀基，1993，《中国社会与文化》，香港中文大学出版社。

孔祥智、方松海、庞晓鹏、马九杰，2004，《西部地区农户禀赋对农业技术采纳的影响分析》，《经济研究》第 12 期。

李楠楠、李同昇、于正松、芮旸、苗园园、李永胜，2014，《基于 Logistic – ISM 模型的农户采用新技术影响因素——以甘肃省定西市马铃薯种植技术为例》，《地理科学进展》第 4 期。

李庆东，2006，《企业创新系统各要素的相关性分析》，

《工业技术经济》第 9 期。

李锐、朱喜，2007，《农户金融抑制及其福利损失的计量分析》，《经济研究》第 2 期。

李想、穆月英，2013，《农户可持续生产技术采用的关联效应及影响因素——基于辽宁设施蔬菜种植户的实证分析》，《南京农业大学学报》（社会科学版）第 4 期。

李争、杨俊，2010，《农户兼业是否阻碍了现代农业技术应用——以油菜轻简技术为例》，《中国科技论坛》第 10 期。

李正风、张成岗，2005，《我国创新体系特点与创新资源整合》，《科学学研究》第 23 期。

林毅夫，1994，《中国农业在要素市场交换受到禁止下的技术选择》，上海人民出版社。

凌远云、郭犹焕，1996，《农业技术采用供需理论模型研究》，《农业技术经济》第 4 期。

刘彬彬、陆迁、李小平，2014，《社会资本与贫困地区农户收入——基于门槛回归模型的检验》，《农业技术经济》第 11 期。

刘苹、蔡鹏、蒋斌，2010，《企业家社会网络对企业绩效的影响机制》，《财经科学》第 9 期。

刘涛，2009，《干旱半干旱地区农田灌溉节水治理模式及其绩效研究》，南京农业大学博士学位论文。

刘慰霖，2014，《银保互动对农户新技术选择影响研究》，江南大学硕士学位论文。

刘战平、匡远配，2012，《农民采用"两型农业"技术意愿的影响因素分析——以"两型社会"实验区为例》，《农业技术经济》第 6 期。

陆文聪、余安，2011，《浙江省农户采用节水灌溉技术意愿及其影响因素》，《中国科技论坛》第 11 期。

吕晓、黄贤金、钟太洋，2011，《中国农地细碎化问题研究进展》，《自然资源学报》第 26 期。

罗金玲、钟艳红，2013，《我国基层农业技术推广问题的现状及对策分析》，《新农村：黑龙江》第 16 期。

马延妮、郭宇春，2009，《在线社会网络团结构分析》，北京交通大学硕士学位论文。

奇达夫、蔡文彬，2007，《社会网络与组织》，中国人民大学出版社。

钱瑜，2008，《外部社会网络对企业技术创新过程的影响》，《特区经济》第 3 期。

沈宗庆、刘西林，2007，《基于企业技术创新的社会资本发展水平评价》，《科学学与科学技术管理》第 11 期。

宋军、胡瑞法、黄季焜，1998，《农民的农业技术选择行为分析》，《农业技术经济》第 6 期。

宋智慧，2010，《我国农业技术推广体制存在的问题及改革措施》，《中国科技纵横》第 20 期。

孙莉，2014，《我国基层农业推广体系存在的问题和对策》，《现代园艺》第 12 期。

汤锦如，1995，《农业推广学》，中国农业出版社。

唐博文、罗小锋、秦军，2010，《农户采用不同属性技术的影响因素分析——基于 9 省（区）2110 户农户的调查》，《中国农村经济》第 6 期。

汪蕾、蔡云、陈鸿鹰，2011，《企业社会网络对创新绩效的作用机制研究》，《科技管理研究》第 14 期。

王格玲，2012，《社会资本对农户收入及收入差距的影响》，西北农林科技大学硕士学位论文。

王格玲、陆迁，2013，《意愿与行为的悖离：农村社区小型水利设施农户合作意愿及合作行为的影响因素分析》，《华中科技大学学报》（社会科学版）第27期。

王格玲、陆迁，2015，《社会网络与农户技术采用倒 U 型关系检验——以甘肃民勤节水灌溉技术采用为例》，《农业技术经济》第10期。

王济文，1995，《我国贫困地区农户技术应用行为的实证分析》，《农业技术经济》第3期。

王金霞、张丽娟、黄季焜、Scott Rozelle，2009，《黄河流域保护性耕作技术的采用：影响因素的实证研究》，《资源科学》第4期。

王娟、吴普特、王玉宝、赵西宁、宋健峰、黄俊，2012，《农户对节水型农业种植结构调整意愿的量化分析——以黑河干流中游为例》，《中国生态农业学报》第20期。

王克强、黄智俊、张永良，2006，《农户节水灌溉技术采用行为研究综述》，《经济体制改革》第4期。

王贤梅、胡汉辉，2009，《基于社会网络的产业集群创新能力分析》，《科学学与科学技术管理》第12期。

王晓娟、李周，2005，《灌溉用水效率及影响因素分析》，《中国农村经济》第7期。

王昕，2014，《基于社会资本视角的农村社区小型水利设施合作供给研究》，西北农林科技大学博士学位论文。

王玄文、胡瑞法，2003，《农民对农业技术推广组织有偿服务需求分析——以棉花生产为例》，《中国农村经济》第

4 期。

王学渊、赵连阁，2008，《中国农业用水效率及影响因素——基于 1997—2006 年省区面板数据的 SFA 分析》，《农业经济问题》第 3 期。

王阳、漆雁斌，2010，《农户风险规避行为对农业生产经营决策影响的实证分析》，《四川农业大学学报》第 3 期。

韦志扬，2007，《我国农户技术采用行为研究概述》，《安徽农业科学》第 35 期。

卫龙宝、张菲，2013，《交易费用、农户认知及其契约选择——基于浙赣琼黔的调研》，《财贸研究》第 1 期。

吴敬学、杨巍、张扬，2008，《中国农户的技术需求行为分析与政策建议》，《农业现代化研究》第 4 期。

向国成、韩绍凤，2005，《农户兼业化：基于分工视角的分析》，《中国农村经济》第 8 期。

谢洪民、赵丽、程聪，2011，《网络密度、学习能力与技术创新的关系研究》，《科学学与科学技术管理》第 10 期。

谢静，2015，《生态农业技术的种植结构研究》，《北京农业》第 9 期。

徐世艳、李仕宝，2009，《现阶段我国农民的农业技术需求影响因素分析》，《农业技术经济》第 4 期。

许朗、黄莺，2012，《农业灌溉用水效率及其影响因素分析——基于安徽省蒙城县的实地调查》，《资源科学》第 1 期。

杨大春、仇恒儒，1990，《农民接受新技术的心理障碍》，《农业经济问题》第 10 期。

姚华锋、常向阳，2004，《影响农业技术扩散的因素简析》，中国农业技术经济研究会 2004 年学术研讨会。

叶静怡、周晔馨，2010，《社会资本转换与农民工收入——来自北京农民工调查的证据》，《管理世界》第 10 期。

于全辉，2006，《网络外部性下企业创新行为的进化分析》，《科学学与科学技术管理》第 9 期。

张兵、周彬，2006，《欠发达地区农户农业科技投入的支付意愿及影响因素分析——基于江苏省灌南县农户的实证研究》，《农业经济问题》第 1 期。

张雷、陈超、展进涛，2009，《农户农业技术信息的获取渠道与需求状况分析——基于 13 个粮食主产省份 411 个县的抽样调查》，《农业经济问题》第 11 期。

张立丽，2013，《当前我国农业技术推广服务方式的转变探析》，《吉林农业》第 4 期。

张宇，2009，《在线社会网络信任计算与挖掘分析中若干模型与算法研究》，浙江大学博士学位论文。

赵剑治、陆铭，2009，《关系对农村收入差距的贡献及其地区差异——一项基于回归的分解分析》，《经济学》（季刊）第 19 期。

赵雪雁，2012，《社会资本测量研究综述》，《中国人口·资源与环境》第 7 期。

钟秋波，2013，《我国农业科技推广体制创新研究》，西南财经大学博士学位论文。

周行，2005，《优质稻新技术推广的实证研究——广西博白县凤山镇案例分析》，中国农业大学博士学位论文。

周玉玺、周霞、宋欣，2014，《影响农户农业节水技术采用水平差异的因素分析——基于山东省 17 市 333 个农户的问卷调查》，《干旱区资源与环境》第 3 期。

朱希刚、赵绪福，1995，《贫困山区农业技术采用的决定因素分析》，《农业技术经济》第 5 期。

Abdulai A. , Huffman W. E. , 2005, "The Diffusion of New Agricultural Technologies: The Case of Crossbred-Cow Technology in Tanzania," *American Journal of Agricultural Economics*, 8: 645 – 659.

Abdulai A. , Monnin P. , and Gerber J. , 2008, "Joint Estimation of Information Acquisition and Adoption of New Technologies under Uncertainty," *Journal of International Development*, 20: 437 – 451.

Adler P. S. , Kwon S. W. , 2000, "Chapter 5 – Social Capital: the Good, the Bad, and the Ugly," *Knowledge & Social Capital*, 89 – 115.

Ahmad M. , Davidson A. P. , Ali T. , 2000, "Effectiveness of Public and Private Sectors Extension: Implications for Pakistani Farmers," Paper Presented at 16th Annual Conference of AIAEE Held at Arlington VA.

Ahmad M. , 1999, "A Comparative Analysis of the Effectiveness of Agricultural Extension Work by Public and Private Sectors in Punjab, Pakistan," Ph. D Thesis, University of New England, Armidale NSW.

Aigner D. J. , Lovell C. A. K. , Schmidt P. , 1977, "Formulation and Estimation of Stochastic Frontier Production Function Models," *Journal of Econometrics*, 6 (1): 21 – 37.

Albrecht H. , 1986, "Extension Research: Needs and Uses," In G. E. Jones (ed.), *Investing in Rural Extension: Strategies and Goals*, London, UK: Elsevier Applied Science Publishers, 239 – 245.

Ali A., Rahut D. B., 2013, "Impact of Agricultural Extension Services on Technology Adoption and Crops Yield: Empirical Evidence from Pakistan," *Asian Journal of Agriculture & Rural Development*, 3 (11): 801 – 812.

Andreoni J., Miller J. H., 1993, "Rational Cooperation in the Finitely Repeated Prisoner's Dilemma: Experimental Evidence," *Economic Journal*, 103 (418): 570 – 585.

Antholt C. H., 1994, "Getting Ready for the Twenty-First Century: Technical Change and Institutional Modernization in Agriculture," Washington, D. C. : World Bank Technical Paper, 217.

Axinn G. H., 1987, "The Different Systems of Agricultural Extension Education with Special Attention to Asia and Africa," In W. M. Rivera and S. G. Schram (eds.), *Agricultural Extension Worldwide: Issues, Practices and Emerging Priorities*, London, UK: Croom Helm, 103 – 114.

Bandiera O., Rasul I., 2006, "Social Networks and Technology Adoption in Northern Mozambique," *The Economic Journal*, 869 – 902.

Bardhan P., Udry C., 1999, *Development Microeconomics*, Oxford: Oxford University Press.

Barham B. J., Foltz D. J. S., Moon S., 2004, "The Dynamics of Agricultural Biotechnology Adoption: Lessons from rBST Use in Wisconsin, 1994 – 2001," *Forthcoming American Journal of Agricultural Economics*, 86 (1): 61.

Baron R. M. , Kenny D. A. , 1986, "The Moderator-Mediator Variable Distinction in Social Psychological Research: Conceptual, Strategic and Statistical Considerations," *Journal of Personality and Social Psychology*, 51: 1173 – 1182.

Battese G. E. , Coelli T. J. , 1995, "A Model for Technical Inefficiency Effects in a Stochastic Frontier Production Function for Panel Data," *Empirical Economics*, 20 (2): 325 – 332.

Behrman J. R. , Kohler H. P. , Watkins S. C. , 2001, "How Can We Measure the Causal Effects of Social Networks Using Observational Data? Evidence from the Diffusion of Family Planning and AIDS Worries in South Nyanza District, Kenya," Max Planck Institute for Demographic Research Working Paper.

Belliveau M. A. , Wade J. B. , 1996, "Social Capital at the Top: Effects of Social Similarity and Status on CEO Compensation," *Academy of Management Journal*, 39 (6): 1568 – 1593.

BenYishay A. , Mobarak A. M. , 2013, "Communicating with Farmers through Social Networks," Working Papers 1030, Economic Growth Center, Yale University.

Berg P. , 2006, "Benchmarking of Quality and Maturity of Innovation Activities in a Networked Environment," *International Journal of Technology Management*, 33: 1579 – 1590.

Besley T. , Case A. , 1995, "Does Electoral Accountability Affect Economic Policy Choices? Evidence from Gubernatorial Term Limits," *Quarterly Journal of Economics*, 100 (3): 769 – 799.

Bindlish V. , Evenson R. E. , 1997, "The Impact of T&V

Extension in Africa: The Experience of Kenya and Burkina Faso," *World Bank Research Observer*, 12 (2): 183 – 201.

Binswanger H. P. , Donald A. S. , 1983, "Risk Aversion and Credit Constrains in Farmers' Decision – Making: A Reinterpretation," *Journal of Development Studies*, 20: 5 – 21.

Birkhaeuser D. , Evenson R. E. , Feder G. , 1991, "The Economic Impact of Agricultural Extension: A Review," *Economical Development Culture Change*, 39: 610 – 650.

Boahene K. , Snijders T. A. B. , Folmer H. , 1999, "An Integrated Socioeconomic Analysis of Innovation Adoption: The Case of Hybrid Cocoa in Ghana," *Policy Model*, 21 (2): 167 – 184.

Bourdieu P. , Wacquant L. , 1992, *An Invitation to Reflexive Sociology*, Chicago: University of Chicago Press.

Bourdieu P. , 1985, "The Social Space and the Genesis of Groups," *Theory & Society*, 14 (6): 723 – 744.

Boxman E. A. W. , Graaf P. M. D. , Flap H. D. , 1991, "The Impact of Social and Human Capital on the Income Attainment of Dutch Managers," *Social Networks*, 13 (1): 51 – 73.

Brehm J. , Rahn, 1997, "Individual Level Evidence for the Causes and Consequences of Social Capital," *American Journal of Political Science*, 41 (3): 999 – 1023.

Burt R. , 1992, *Structure Hole: The Social Structure of Competition*, Cambridge MA: Harvard University Press.

Coleman J. , 1990, *Foundations of Social Theory*, Cambridge International Symposium on Mobile Agents.

Conley T. G. , Udry C. R. , 2010, "Learning about a New

Technology: Pineapple in Ghana," *American Economic Review*, 100 (1): 35 – 69.

Cornejo J. , McBride W. , 2002, "Adoption of Bioengineered Crops," *Development and Cultural Change*, (34): 351 – 368.

Dawson J. F. , 2014, "Moderation in Management Research: What, Why, When and How," *Journal of Business and Psychology*, 29 (1): 1 – 19.

Dinar A. , Karagiannis G. , Tzouvelekas V. , 2007, "Evaluating the Impact of Agricultural Extension on Farms' Performance in Crete: A Nonneutral Stochastic Frontier Approach," *Agricultural Economics*, 36 (2): 135 – 146.

Doss C. R. , 2006, "Analyzing Technology Adoption Using Microstudies: Limitations, Challenges, and Opportunities for Improvement," *Agricultural Economics*, 34 (3): 207 – 219.

Duflo E. , Dupas P. , Kremer M. , 2011, "Peer Effects, Teacher Incentives, and the Impact of Tracking: Evidence from a Randomized Evaluation in Kenya," *American Economic Review*, 101 (5): 1739 – 1774.

Eeverted. , 2010, "Social Network Sites," http://en. wikipedia. org/wiki/ Online_social_networking.

Ensermu R. , Mwangi W. , Verkuijl H. , Hassena M. , Alemayehu Z. , 1998, "Farmers Wheat Seed Sources and Seed Management in Chilalo Arwaja, Ethiopia," International Maize and Wheat Improvement Center (CIMMYT) and Ethiopian Agricultural Research Organisation (EARO), Mexico, DF.

Ervin C. A. , and Ervin D. E. , 1982, "Factors Affecting the

Use of Soil Conservation Practices: Hypotheses, Evidence, and Policy Implication," *Land Economics*, 58 (3): 277 – 292.

Evenson R. E. , Westphal L. E. , 1995, "Technology Change and Technology Strategy," Center Paper No. 503, Economic Growth Center, Yale University, New Hawen, CT, USA.

Fafchamps M. , Lund S. , 2003, "Risk Sharing Networks in Rural Philippines," *Journal of Development Economics*, *Elsevier*, 71 (2): 261 – 287.

Farrell M. J. , 1957, "The Measurement of Productive Efficiency," *Journal of the Royal Statistical Society*, 120 (3): 253 – 290.

Feder G. , and Slade R. , 1984, "The Acquisition of Information and the Adoption of New Technology," *American Journal of Agricultural Economics*, 66 (3): 312 – 320.

Feder G. , Just R. E. , Zilberman D. , 1985, "Adoption of Agricultural Innovations in Developing Countries: A Survey," *Economic Development and Cultural Change*, 33 (2): 255 – 298.

Feder G. , 1980, "Farm Size, Risk Aversion and the Adoption of New Technology Under Uncertainty," *Oxford Economic Papers*, 32 (2): 263 – 283.

Fehr E. , Gacher S. , 2000, "Cooperation and Punishments in Public Goods Experiments," *American Economic Review*, 90 (4): 980 – 994.

Foster A. D. , Rosenzweig M. R. , 1995, "Learning by Doing and Learning from Others: Human Capital and Technical Change in Agriculture," *The Journal of Political Economy*, 103 (6): 1176 –

1209.

Fukuyama F. , 1997, "Trust: The Social Virtues and the Creation of Prosperity," *Foreign Affairs*, 60.

Fukuyama F. , 2000, "Social Capital and Civil Society," *IMF Working Paper*, 1 – 19.

Gautam A. , 2000, "Collaboration Networks, Structural Holes, and Innovation: A Longitudinal Study," *Administrative Science Quarterly*, (9): 425 – 454.

Genius M. , Koundouri P. , Nauges C. , Tzouvelekas V. , 2014, "Information Transmission in Irrigation Technology Adoption and Diffusion: Social Learning, Extension Services and Spatial Effects," *American Journal of Agricultural Economics*, 96 (1): 328 – 344.

Glaeser E. L. , Kallal H. D. , Scheinkman J. A. , Shleifer A. , 1992, "Growth in Cities," *Journal of Political Economy*, 100 (6): 1126 – 1152.

Goldstein A. P. , 1999, "Aggression Reduction Strategies: Effective and Ineffective," *School Psychology Quarterly*, 14 (1): 40 – 58.

Goyal M. , Netessine S. , 2007, "Strategic Technology Choice and Capacity Investment under Demand Uncertainty," *Management Science*, 53 (2): 192 – 207.

Granovetter M. , 1973, "The Strength of Weak Ties," *American Journal of Sociology*, 5: 1360 – 1380.

Granovetter M. , 1982, "The Strength of Weak Ties: A Network Theory Revisited," In Marsden, P. and Nan, L. (eds.),

Social Structure and Network Analysis, London: Sage Publications.

Granovetter M. , 1985, "Economic Action and Social Structure: The Problem of Embeddedness," *American Journal of Sociology*, 91 (3): 481 – 510.

Griliches Z. , Corn H. , 1957, "An Exploration in the Economics of Technological Change," *Econometrica*, 25 (4): 501 – 522.

Grootaert C. , Oh G. , Swamy A. V. , 2002, "Social Capital, Household Welfare and Poverty in Burkina Faso," *Journal of African Economics*, 11: 4 – 38.

Hansen B. E. , 1999, "Threshold Effects in Non-dynamic Panels: Estimation, Testing, and Inference," *Journal of Econometrics*, 93 (2): 345 – 368.

Harvey J. , Sykuta M. , 2005, "Property Right and Organizational Characteristics of Producer-owned Firms and Organizational Trust," *Annals of Public and Cooperative Economics*, 76 (4): 545 – 580.

Hausman R. , Rodrik D. , 2003, "Economic Development as Selfdiscovery," *Journal of Development Economics*, 72: 603 – 633.

Hayami Y. , 1981, "Induced Innovation, Green Revolution, and Income Distribution: Reply," *Economic Development and Cultural Change*, 30 (1): 177 – 181.

Herath P. H. M. U. , Takeya H. , 2003, "Factors Determining Intercropping by Rubber Smallholders in Sri Lanka: A Logit Analysis," *Agriculture Economics*, 29 (3): 159 – 168.

Hoang L. A. , Castella J. C. , Novosad P. , 2006, "Social

Networks and Information Access: Implications for Agricultural Extension in a Rice Farming Community in Northern Vietnam," *Agriculture & Human Values*, 23 (4): 513 – 527.

James H., Sykuta M., 2005, "Property Right and Organizational Characteristics of Producer-owned Firms and Organizational Trust," *Annals of Public and Cooperative Economics*, 76 (4): 545 – 580.

Just R. E., and Zilberman D., 1983, "Stochastic Structure, Farm Size and Technology Adoption in Developing Agriculture," *Oxford Economic Papers*, 35 (2): 307 – 328.

Karagiannis G., Tzouvelekas V., Xepapadeas A., 2003, "Measuring Irrigation Water Efficiency with a Stochastic Production Frontier," *Environmental and Resource Economics*, 26 (1): 57 – 72.

Karlson K. B., Holm A., Breen R., 2012, "Comparing Regression Coefficients between Same – sample Nested Models Using Logit and Probit: A New Method," *Sociological Methodology*, (42): 286 – 313.

Kassie M., Jaleta M., Shiferaw B., Mmbando F., and Mekuria M., 2013, "Adoption of Interrelated Sustainable Agricultural Practices in Smallholder Systems: Evidence from Rural Tanzania," *Technological Forecasting and Social Change*, 80 (3): 525 – 540.

Khan M. Z., Khalid N., Khan M. A., 2006, "Weeds Related Professional Competency of Agricultural Extension Agents in NWFP, Pakistan," *Pakistan Journal of Weed Science Research*, 12

(4): 331 –337.

Kijima Y. , Otsuka K. , and Sserunkuuma D. , 2009, "Determinants of Changing Behaviors of NERICA Adoption: An Analysis of Panel Data from Uganda," University of Tsukuba.

Kim T. K. , Hayes D. J. , and Hallam A. , 1992, "Technology Adoption under Price Uncertainty," *Journal of Development Economics*, 38 (1): 245 –253.

King R. L. , Burton S. P. , 1982, "Land Fragmentation: Notes on Fundamental Rural Spatial Problem," *Progression Human Geography*, 6 (4): 475 –494.

Klein – Woolthuis R. , 1999, "Sleeping with the Enemy: Trust, Dependence and Contracts in Interorganizational Relationships," Doctoral Thesis, Twente University, Enschede, The Netherlands.

Klonglan, and Coward, 1970, "Concept of Symbolic Adoption: A Suggested Interpretation," *Rural Sociology*, 35 (1).

Koundouri P. , Nauges C. , Tzouvelekas V. , 2006, "Technology Adoption under Production Uncertainty: Theory and Application to Irrigation and Technology," *American Journal of Agricultural Economics*, 88 (3): 657 –670.

Krackhardt, 1992, *The Strength of Strong Ties the Importance of Philos Inorganization*, Massachusetts: Harvard Business School Press.

Kumar R. , Novak J. , Tomkins A. , 2006, "Structure and Evolution of Online Social Networks," Proceedings of the 12th ACMSIGKDD, New York: ACM, 611 –617.

Kumbhakar S. C. , Lovell C. A. K. , 2000, *Stochastic Frontier Analysis*, New York: Cambridge University Press.

Lambrecht I. , Vanlauwe B. , Merckx R. , and Maertens M. , 2014, "Understanding the Process of Agricultural Technology Adoption: Mineral Fertilizer in Eastern DR Congo," *World Development*, 59: 132 – 146.

Lee L. K. , Stecvart W. H. , 1983, "Ownership and the Adoption of Minirmm Tillage," *American Journal of Agricultural Economics*, 65: 256 – 264.

Leggesse D. , Burton M. , Ozanne A. , 2004, "Duration Analysis of Technological Adoption in Ethiopian Agriculture," *Journal of Agricultural Economics*, 3: 613 – 631.

Lin Nan, 1999, "Building a Network Theory of Social Capital," *Connections*, 22 (1).

Lin Nan, 2001, *Social Capital: A Theory of Social Structure and Action*, Cambridge University Press.

Lindner R. , Fischer A. , and Pardey P. , 1979, "The Time to Adoption," *Economics Letters*, 2 (2): 187 – 190.

Loury G. C. , 1992, "Incentive Effects of Affirmative Action," *Annals of the American Academy of Political & Social Science*, 523 (1): 19 – 29.

Luqman M. , Asif J. , Nadeem A. , 2005, Impact of Administrative Changes on the Working Efficiency of Extension Staff after Decentralization in the Punjab, Pakistan.

Ma X. , Shi G. , 2011, "A Dynamic Adoption Model with Bayesian Learning: Application to the US Soybean Market,"

Working Paper, Pittsburgh, Pennsylvania.

Maalouf W. D. , Adhikarya R. , Contado T. , 1991, Extension Coverage and Resource Problems: The Need for Public Private Cooperation, in W. M. Rivera and D. J. Gustafson (eds.), Agricultural Extension: Worldwide Institutional Evolution and Forces for Change, Amsterdam: Elsevier Science.

Mariano M. J. , Villano R. , Fleming E. , 2012, "Factors Influencing Farmers' Adoption of Modern Rice Technologies and Good Management Practices in the Philippines," *Agricultural Systems*, 110: 41 – 53.

Meeusen W. , Van den Broeck J. , 1977, "Efficiency Estimation from Cobb-Douglas Production Function with Composed Error," *International Economic Review*, 18 (2): 435 – 444.

Munshi K. , 2004, "Social Learning in a Heterogeneous Population: Technology Diffusion in the Indian Green Revolution," *Journal of Development Economics*, 73 (1): 185 – 213.

Nahapiet J. , Ghoshal S. , 1998, "Social Capital, Intellectual Capital, and the Organizational Advantage," *Academy of Management Review*, 23: 242 – 266.

Noltze M. , Schwarze S. , Qaim M. , 2012, "Understanding the Adoption of System Technologies in Smallholder Agriculture: The System of Rice Intensification (SRI) in Timor Leste," *Agricultural Systems*, 108: 64 – 73.

Odell M. J. Jr. , 1986, "People, Power and a New Role for Agricultural Extension: Issues and Options Involving Local Participation and Groups," In G. E. Jones (ed.), *Investing in Rural Ex-*

tension: *Strategies and Goals London*, UK: Elsevier Applied Science Publishers, 169 – 178.

O'Mara G. T. , 1971, "A Decision Theoretic View of the Microeconomics of Technique Diffusion in Developing Country," PHD Dissertation, Stanford University.

Ouma J. , Murithi F. , Mwangi W. , Verkuijl H. , Gethi M. , De Groote H. , 2002, "Adoption of Seed and Fertiliser Technologies in Embu District, Kenya," Kenya Agricultural Research Institute (KARI) and International Maize and Wheat Improvement Center (CIMMYT), Mexico, DF.

Owens T. , Hoddinott J. , Kinsey B. , 2003, "The Impact of Agricultural Extension on Farm Production in Resettlement Area of Zimbabwe," *Economical Development Culture Change*, 51: 337 – 357.

Price T. , Lamh J. , Marshall C. , Wetzstein M. E. , 2005, "Technology Choice under Changing Peanut Policies," *Agricultural Economics*, 7: 11 – 19.

Prinsley R. , Dore J. , Marks Ni, McGukian N. , Thompson P. , 1994, "The Role of Private Sector in Extension: A Working Paper," *Rural Industries Research and Development Corporation Occasional Paper*, No. 94 (3): Australia.

Putnam N. , 2001, "Forest Sustainability Discussion Guide Response: Sustainability on the Ground," *Journal of Forestry*, 99 (8): 48.

Putnam R. D. , 1995, "Bowling Alone, America's Declining of Social Capital," *Journal of Democracy*, 6 (1): 65 – 78.

Ransom J. K. , Paudyal K. , Adhikari K. , 2003, "Adoption of Improved Maize Varieties in the Hills of Nepal," *Agricultural Economics*, 29: 299 – 305.

Reinhard S. , Lovell C. A. K. , Thijssen G. J. , 1999, "Econometric Estimation of Technical and Environmental Efficiency: An Application to Dutch Dairy Farms," *American Journal of Agricultural Economics*, 81 (1): 44 – 60.

Rogers E. , 1962, *Diffusion of Innovation*, New York: Free Press of Glencoe.

Rosenzweig M. R. , 2010, " Microeconomic Approaches to Development: Schooling, Learning, and Growth," *Journal of Economic Perspective*, 24: 81 – 96.

Simtowe F. , Zeller M. , 2006, "The Impact of Access to Credit on the Adoption of Hybrid Maize in Malawi: An Empirical Test of an Agricultural Household Model under Credit Market Failure," *Munich Personal RePEc Archive (MPRA) Paper*, 45: 1 – 28.

Sobel M. E. , 1982, "Asymptotic Confidence Intervals for Indirect Effects in Structural Equation Models," *Sociological Methodology*, 13: 290 – 312.

Spence W. , 1986, " Innovation: The Communication of Change in Ideas, Practices and Products," *Journal of Crustacean Biology*, 6 (1): 1 – 23.

Stoneman P. , 1981, "Innovation Diffusion Bayesian Learning and Probability," *Economic Journal*, 91 (1): 375 – 388.

Subedi A. , Garforth C. , 1996, "Gender, Information and Communication Network: Implication for Extension," *Journal of*

Agricultural Education, 4 (2): 63 – 74.

Thornton R. A. , Thompson P. , 2001, "Learning from Experience and Learning from Others: An Exploration of Learning and Spillovers in Wartime Shipbuilding," *American Economic Review*, 91 (5): 1350 – 1368.

Townsend R. M. , 1994, "Risk and Insurance in Village India," *Econometrica*, 62 (3): 539 – 591.

Turvey C. G. , Kong R. , 2010, "Informal Lending Amongest Friends and Relatives: Can Microcredit Compete in Rural China?" *China Economic Review*, 21 (4): 544 – 556.

Wang H. , Reardon, T. , 2008, "Social Learning and Parameter Uncertainty in Irreversible Investment Evidence from Greenhouse Adoption in Northern China," *Annual Meeting*, 7: 27 – 29.

Wang L. , Zajac E. , 2007, "Alliance or Acquisition? A Dyadic Perspective on Interfirm Resource Combinations," *Strategic Management Journal*, 13: 1291 – 1317.

Watts D. J. , Strogatz S. H. , 1998, "Collective Dynamics of 'Small World' Networks," *Nature*, 393 (4): 440 – 442.

Weidemann C. J. , 1987, "Designing Agricultural Extension for Women Farmers in Developing Countries," In W. M. Rivera, and S. G. Schram (eds.), *Agricultural Extension Worldwide: Issues, Practices and Emerging Priorities*, London, UK: Croom Helm, 175 – 198.

Wiklund, Shepherd, 2009, "The Effectiveness of Alliances and Acquisitions: The Role of Resource Combination Activities," *Entrepreneurship Theory and Practice*, 33 (1): 193 – 212.

Woolcock M. , 1998, "Social Capital and Economic Development: Toward a Theoretical Synthesis and Policy Framework," *Theory & Society*, 27 (2): 151 - 208.

World Bank, 2007, *World Development Report 2008: Agriculture for Development*, Washington DC.

Yamamura E. , 2012, "Natural Disasters and Participation in Volunteer Activities: A Case Study of the Great Hanshin Awaji Earthquake," MPRA Paper, University Library of Munich, Germany.

Young H. P. , 2009, "Innovation Diffusion in Heterogeneous Populations: Contagion, Social Influence, and Social Learning," *American Economic Review*, 99: 1899 - 1924.

调查问卷

您好！我是西北农林科技大学的研究生，现进行关于现代灌溉技术采用情况的问卷调查，希望得到相关的信息，感谢您在百忙之中协助我们调查。该问卷仅作为内部资料使用，对外保密，不会损害您的任何利益。

编号：＿＿＿＿＿＿

调查地点：＿＿＿＿省＿＿＿＿市（县）＿＿＿＿镇（乡）＿＿＿＿村

调查员：＿＿＿＿＿＿

回答者：＿＿＿＿＿＿

调查日期：2014 年＿＿＿＿＿＿月＿＿＿＿＿＿日

一　个体信息及家庭特征

个体信息

1. 性别为（　　　）。

A. 男　　　　　　　　　　B. 女

2. 您的年龄是＿＿＿＿岁，您是户主吗？（　　）

A. 是　　　　　　　　　　　B. 否

若不是，户主年龄是＿＿＿＿。

3. 您的文化程度是（　　）。

A. 不识字或识字很少　　　　B. 小学

C. 初中　　　　　　　　　　D. 高中（含中专）

E. 大专及以上

4. 您在村子中的职务是（　　）。

A. 一般村民　　　　　　　　B. 村干部

C. 队长或组长

5. 您的政治面貌是（　　）。

A. 群众　　　　　　　　　　B. 中共党员

C. 共青团员

6. 您的宗教信仰是（　　）。

A. 基督教　　　　　　　　　B. 伊斯兰教

C. 其他宗教　　　　　　　　D. 无宗教信仰

7. 您从事农业生产＿＿＿＿年，当前您是否务农？（　　）

A. 是　　　　　　　　　　　B. 否

8. 您的收入来源为（　　）（可多选）。

A. 种植或养殖　　　　　　　B. 外出务工或经商

C. 乡村医生或教师　　　　　D. 村干部

E. 乡村非农行业（经商、运输、承包工程、开办工厂）

F. 其他＿＿＿＿

家庭特征

9. 家庭人口情况：您家有人口数＿＿＿＿人，男性劳动力

有 _____ 人，女性劳动力有 _____ 人，其中务农人员有 _____ 人，外出打工 _____ 人，每年在外打工 _____ 月。

10. 您家有重要决策时谁做主？（　　　）

A. 男 　　　　　　　　　　B. 女

C. 共同商议

11. 您家距离乡政府 _____ 里，您家距离最近的集市 _____ 里，您家距离最近的车站 _____ 里。

12. 您家在本地居住了 _____ 年，有没有打算去别的地方居住？

A. 有 　　　　　　　　　　B. 无

13. 家庭耕地情况：您家耕地的主要地形是（　　　）。

A. 山地 　　　　　　　　　　B. 丘陵

C. 平原

家庭耕地面积（亩）		承包亩数		租入亩数/单价	
租出亩数/单价		撂荒亩数		水浇地面积	
家庭耕地块数		最大一块地面积		最小一块地面积	

14. 家庭收入状况：2013 年您家总收入 _____ 元，其中包括：种植收入 _____ 元。

养殖收入：饲养牲畜 1 _____，饲养 _____ 头，卖出 _____ 头，共收入 _____ 元。

饲养牲畜 2 _____，饲养 _____ 头，卖出 _____ 头，共收入 _____ 元。

林业收入： _____ 面积 _____ 亩，收入 _____ 元。

非农收入：自主经营 _____ 元，外出打工 _____ 元，干部工资 _____ 元，其他收入 _____ 元。

补贴收入：粮食补贴_____元，水利补贴_____元。

15. 家庭支出状况：2013 年您家总支出共_____元，农业支出_____元，其中，用水支出_____元；人情礼品支出_____元，教育支出_____元。

16. 您家是否参加了农业合作社？（　　）

A. 是：如果是，是_____合作社

B. 否

17. 您家是否加入了用水者协会？（　　）

A. 是

B. 本村有，没加入，原因是_____

C. 本村没有

18. 您家获得农业贷款容易吗？（　　）

A. 很难贷　　　　　　　B. 不容易

C. 一般　　　　　　　　D. 容易

E. 很容易

二　农业生产和灌溉情况

19. 有关种植作物投入产出情况（2013 年）请完成以下表格。

作物名称						
播种面积（亩）						
灌溉面积（亩）						
节水灌溉面积（亩）						
单产（斤）						
售出单价（元/斤）						

续表

作物名称							
出售（斤）							
种苗投入（单价×斤）							
农药（元）							
化肥（单价×斤）							
农家肥（斤）							
雇工（单价×天数）							
灌溉水（元）							
电费（度/次）							
机械租赁（元）							
其他							
节水设备（元）	_____年购买_____花费_____元； _____年购买_____花费_____元						
自家农机（元）	_____年购买_____花费_____元； _____年购买_____花费_____元						

20. 您家的灌溉用水是否完全来自地下水？（　　　）

　　A. 是　　　　　　　　　B. 否

　　若不是，您家距离最近的河流有_____里，地表水是否出现不足？（　　　）

　　A. 是　　　　　　　　　B. 否

21. 您所在村的机井是不是越打越深了？（　　　）

　　A. 是　　　　　　　　　B. 否

22. 您所在村的水费是不是越来越贵了？（　　　）

　　A. 比以前贵很多

　　B. 比以前贵一点

　　C. 没什么变化

　　D. 比以前便宜一点

　　E. 比以前便宜很多

23. 您每次灌溉所需等待的时间是否越来越长了？（　　　）

A. 比以前短了很多　　　　　B. 比以前短了一点

C. 没什么变化　　　　　　　D. 比以前长了一点

E. 比以前长了很多

24. 您认为灌溉用水是否方便？（　　　）

A. 非常不方便　　　　　　　B. 不方便

C. 一般　　　　　　　　　　D. 比较方便

E. 非常方便

25. 您所在村子是否有偷水现象？（　　　）

A. 是　　　　　　　　　　　B. 否

26. 您所在村子用水纠纷多吗？（　　　）

A. 特别多　　　　　　　　　B. 比较多

C. 一般　　　　　　　　　　D. 偶尔有

E. 从来没有

27. 您家每年的灌溉费用支出为_____元，约占水费总支出的_____%。

28. 你认为水价贵吗？（　　　）

A. 一点都不贵　　　　　　　B. 不贵

C. 没感觉　　　　　　　　　D. 很贵

E. 非常贵

29. 您家灌溉用水价格近年来是否有过调整？（　　　）

A. 是　　　　　　　　　　　B. 否

如果有，在_____年，调价前的水价为_____元/米³，调整后您家单位土地灌溉用水量（　　　）

A. 增加　　　　　　　　　　B. 减少

C. 不变

30. 您所在村庄农业用水管理政策是 (　　)。

A. 实行定额管理，超额用水高水价

B. 没有定额，水价都一样

C. 实行定额管理，给予节水者奖励

31. 您认为最合适的水费收取标准是按 (　　) 征收。

A. 用水量　　　　　　　B. 灌溉面积

C. 灌溉时间　　　　　　D. 其他_____

32. 您家灌溉水费收取单位是 (　　)。

A. 灌区管理人员　　　　B. 私人承包人员

C. 村委会　　　　　　　D. 乡政府

E. 用水者协会　　　　　F. 其他_____

33. 如果水价上涨，您是否会因为水价过高而酌情减少灌溉次数? (　　)

A. 是　　　　　　　　　B. 否

34. 如果水价上涨，您是否会因为水价过高而选择节水技术以降低灌溉成本? (　　)

A. 是　　　　　　　　　B. 否

35. 如果水价上涨，您是否会因为水价过高而选择增加节水作物种植? (　　)

A. 是　　　　　　　　　B. 否

36. 您是否会因为水价过高而选择将土地租给别人? (　　) 或选择抛荒? (　　)

A. 是　　　　　　　　　B. 否

37. 您家是否使用过现代节水灌溉技术? (　　)

A. 是　　　　　　　　　B. 否

若是，使用的是哪种技术？（　　）（可多选）

A. 滴灌　　　　　　　　　B. 渗灌

C. 喷灌　　　　　　　　　D. 微灌

E. 低压管灌　　　　　　　F. 其他

未来最期望使用什么技术？（　　）

您家第一次采用节水灌溉技术是_____年，您当时采用了_____亩耕地，现在采用了_____亩耕地（若现在不采用，_____年停止采用的），当时您周围的邻居及亲朋好友中有_____人采用该技术，现在有_____人采用该技术。

三　现代节水灌溉技术认知及采用情况

现代节水灌溉技术认知情况

38. 您是否听说过以下节水灌溉技术？（如滴灌、渗灌、喷灌、微灌、低压管灌）

A. 是　　　　　　　　　　B. 否

如果是，有哪些？_____

您是通过何种方式知道的？（　　）

A. 电视广播、书报、网络等媒体

B. 农机部门、科研单位、合作社、企业

C. 商家推荐

D. 熟人推荐、其他人选择

E. 其他

39. 您认为节水灌溉技术对保障粮食生产重不重要？（　　）

A. 非常不重要

B. 不重要

C. 一般

D. 比较重要

E. 非常重要

40. 您认为您所在村子水资源短缺吗？（　　　）

A. 非常充足　　　　　　　　B. 比较充足

C. 一般　　　　　　　　　　D. 比较短缺

E. 非常短缺

41. 您认为您家实施采用节水灌溉技术方便吗？（　　　）

A. 非常不方便　　　　　　　B. 比较不方便

C. 一般　　　　　　　　　　D. 比较方便

E. 非常方便

42. 您对节水灌溉技术的了解程度为（　　　），您对节水灌溉政策的了解程度为（　　　）。

A. 很不了解　　　　　　　　B. 不了解

C. 一般　　　　　　　　　　D. 比较了解

E. 非常了解

43. 您认为现代节水灌溉技术的主要功能是（　　　）。（可多选）

A. 节水　　　　　　　　　　B. 增产

C. 增收　　　　　　　　　　D. 提高生产效率

E. 其他_____

44. 您认为较传统灌溉方式，节水灌溉技术的效果如何？（　　　）

A. 比传统技术差很多　　　　B. 比传统技术差点

C. 没差别　　　　　　　　　D. 比传统技术好点

E. 比传统技术好很多

45. 您认为用现代节水灌溉技术的风险有哪些？ （　　　）
（可多选）

　　A. 土地面积小地块分散，不适用

　　B. 水源供求不确定，没必要

　　C. 投资大预期回报低

　　D. 后期容易坏，没人维修，不愿意继续投资

　　E. 其他＿＿＿＿＿＿

现代节水灌溉技术采用意愿与支付意愿

46. 您是否愿意采用节水灌溉技术？（　　　）

　　A. 非常不愿意　　　　　　B. 不愿意

　　C. 一般　　　　　　　　　D. 愿意

　　E. 非常愿意

　　若不愿意，原因是 （　　　）。

　　A. 麻烦　　　　　　　　　B. 地块不适用

　　C. 效果差　　　　　　　　D. 投资太大

　　E. 无力投资　　　　　　　F. 其他＿＿＿＿＿＿

47. 您家的节水灌溉设施家庭投资需要＿＿＿＿＿＿元，初始投资＿＿＿＿＿＿元，您能贷款＿＿＿＿＿＿元。

48. 如果采用现代节水灌溉技术，政府有补贴吗？（　　　）

　　A. 有　　　　　　　　　　B. 无

　　若有，补贴方式是 （　　　）。

　　A. 资金＿＿＿＿＿＿　　　B. 设备＿＿＿＿＿＿

　　C. 技术＿＿＿＿＿＿

49. 如果让您采用现代节水灌溉技术，您愿意投入＿＿＿＿＿＿元，您认为节水灌溉技术的投资应该由自己承担＿＿＿＿＿＿%，由

政府承担_____%，由其他_____部门承担_____%。

现代节水灌溉技术采用状况

若未采用

50. 您家没有采用节水灌溉技术的原因是（　　　）。

A. 技术太复杂，学不会　　　B. 第一次投资太大

C. 地块不适用　　　　　　　D. 增产增收不明显

E. 灌溉效果差　　　　　　　F. 后期投资、维护成本高

G. 其他_____

51. 您家未来是否打算采用节水灌溉技术？（　　　）

A. 是　　　　　　　　　　　B. 否

若采用了

52. 您家采用节水灌溉的原因是（　　　）。

A. 农技推广人员推广

B. 政府示范村

C. 自发建设

D. 农业合作社建议

E. 高校、科研机构推广

F. 别人采用了，我也跟着采用

G. 企业推荐

H. 其他_____

53. 您所在村子现代节水灌溉技术的采用模式是（　　　）。

A. 农户自主选择

B. 与高校、科研单位合作选择采用

C. 耕地被选用为节水灌溉技术推广试验田

D. 政府建立节水示范村的科技辐射带动

E. 农户自愿采用，政府根据节水效果给予补贴

54. 您家灌溉设施的提供方式是（　　　）。

A. 政府出资建设经营

B. 私人投资建设经营

C. 政府出资建设私人承包经营

D. 村民合作建设共同经营

E. 政府私人共同出资建设经营

55. 您家的节水灌溉设施总投资_____元，其中家庭出资_____元，其他费用由（　　）出资。（可多选）

A. 政府　　　　　　　　　B. 村委会

C. 农业合作社　　　　　　D. 其他_____

56. 您家节水灌溉设施的维护单位是（　　　），您家每年用于节水灌溉设施维护的费用为_____元。

A. 灌区管理局　　　　　　B. 农户个人

C. 村委会　　　　　　　　D. 用水者协会

E. 不维护　　　　　　　　F. 其他_____

57. 您家节水灌溉设施维修是否及时？（　　　）

A. 很不及时　　　　　　　B. 不及时

C. 一般　　　　　　　　　D. 比较及时

E. 很及时

58. 您对采用现代节水灌溉技术的经历满意吗？（　　　）

A. 很不满意　　　　　　　B. 比较不满意

C. 一般　　　　　　　　　D. 比较满意

E. 非常满意

不满意的原因是_____。

59. 您对采用现代节水灌溉技术后的效果满意吗？（　　）

A. 很不满意　　　　　　　B. 比较不满意

C. 一般　　　　　　　　　D. 比较满意

E. 非常满意

不满意的原因是_____。

四　技术推广

60. 您获取的农业技术信息来源是（　　）。

A. 县乡农技人员田间指导

B. 跟周围农民看样学习

C. 电视、书刊、报纸

D. 科技博览会或技术推介会

E. 网络

F. 手机

G. 村黑板报发布信息

H. 自己摸索

I. 无渠道、靠天收

J. 其他_____

61. 您对一项新型农业技术的采用态度是什么？（　　）

A. 有新技术，马上采用

B. 看看效果，稍后采用

C. 其他人都采用了，我再采用

62. 在决定是否采用一项农业新技术时，您认为以下因素中哪一项是最重要的？（　　）

A. 技术接受难易程度（能不能得到技术支持）

B. 采用技术所需的成本（能不能得到资金支持）

C. 技术的使用所带来的经济效益（生产出来的产品好不好卖）

D. 其他人有没有采用

E. 其他_____

63. 您认为节水灌溉技术推广、普及的最大困难是什么？（　　）

A. 技术的适用性不强

B. 采用的成本太高

C. 农民难以掌握技术

D. 采用技术之后收入没有明显提高

E. 担心采用技术后遇到风险，无力承担损失

F. 其他_____

64. 您所在村庄是否有推广现代节水灌溉技术？（　　　）

A. 是　　　　　　　　　　B. 否

若是，推广的是哪种技术？（　　　）（可多选）

A. 滴灌　　　　　　　　　B. 渗灌

C. 喷灌　　　　　　　　　D. 微灌

E. 低压管灌

65. 您家接受过哪种形式的节水灌溉推广服务？（　　　）（可多选）

A. 专家现场技术指导　　　B. 专家集中培训

C. 宣传资料　　　　　　　D. 咨询服务

E. 电视讲座　　　　　　　F. 广播宣传

G. 报刊宣传　　　　　　　H. 网络资料

I. 手机信息　　　　　　　J. 其他

66. 政府是否在您所在村推广现代节水灌溉技术？（　　）

A. 是　　　　　　　　　　B. 否

若是，是否举行集体技术培训？（　　）

A. 是　　　　　　　　　　B. 否

您是否参加？（　　）

A. 是　　　　　　　　　　B. 否

是否组织农技人员到田间指导？（　　）

A. 是　　　　　　　　　　B. 否

若是，农技人员一年指导_____次，态度如何？（　　）

A. 非常不认真　　　　　　B. 不认真

C. 一般　　　　　　　　　D. 认真

E. 非常认真

技术水平如何？（　　）

A. 很差　　　　　　　　　B. 比较差

C. 一般　　　　　　　　　D. 很好

E. 非常好

农技人员指导后您的技术水平是否有所提高？（　　）

A. 是　　　　　　　　　　B. 否

67. 您家对推广服务满意吗？（　　）

A. 很不满意　　　　　　　B. 不满意

C. 一般　　　　　　　　　D. 满意

E. 非常满意

若不满意，主要是因为（　　）。

A. 收费太高　　　　　　　B. 服务不能解决问题

C. 工作人员态度不好　　　D. 其他

68. 如有现代节水灌溉技术问题，您是否主动联系农技人员？（　　）

A. 是　　　　　　　　　B. 否

若是，是否能很容易地联系到农技人员？（　　　）

A. 是　　　　　　　　　B. 否

69. 农技人员推广的内容是不是很容易理解（　　），农技人员推广的技术是不是很容易掌握（　　）。

A. 非常不容易　　　　　B. 不容易

C. 一般　　　　　　　　D. 容易

E. 非常容易

70. 农技人员推广的内容对您的生产生活是否有帮助？（　　）

A. 没有帮助　　　　　　B. 帮助不大

C. 还行　　　　　　　　D. 有帮助

E. 很有帮助

71. 若是需要技术专家进行技术指导，您觉得哪种方式最好？（　　）（可多选）

A. 事前进行技术宣传

B. 有问题时打电话咨询

C. 到乡、县农技站咨询

D. 咨询村里农技员

E. 找村里的种植大户或示范户

72. 村里是否有示范户或用水者协会指导学习现代节水灌溉技术？（　　）

A. 是

B. 否

73. 农户对采用现代节水灌溉技术、推广服务的感知，请完成以下表格。（您在多大程度上同意下列说法，并选择相应的赋值：1＝非常不同意，2＝不同意，3＝一般，4＝同意，5＝非常同意）

测量题项	1	2	3	4	5
较传统技术作物产量提高了					
较传统技术种植收入提高了					
节水灌溉技术能够节约水、土资源					
节水灌溉技术所需劳动力减少					
节水灌溉技术采用后水费减少了					
灌溉用水紧缺情况得到改善，用水纠纷明显减少					
节水灌溉技术适合我使用					
节水灌溉技术在当地容易推广、扩散					
节水灌溉技术在当地能持续使用					
采用节水灌溉技术经历比期望的更好					
我认为政府提供的扶持政策（如补贴、设施等）是有用的					
我认为农技部门提供的技术培训、技术信息足够多					
我认为与农技部门技术交流是便利的					
我的邻居及亲朋好友中有很多采用节水灌溉技术的					
我认为邻居提供的技术信息、技术指导是有用的					

五　社会网络

74. 您经常来往的人有 ＿＿＿＿＿＿ 人，您手机联系人有 ＿＿＿＿＿ 人。

75. 请根据自身情况就与您经常来往的人所从事的职业作答（单位：人）。

分类	农民	教师	银行职员	政府职员	村干部	农技推广人员
人数						

76. 联系频繁程度：

（1）您经常会到邻居家串门吗？（　　　）

A. 从不　　　　　　　　B. 偶尔

C. 一般　　　　　　　　D. 经常

E. 频繁

（2）您家经常会有客人来访吗？（　　　）

A. 从不　　　　　　　　B. 偶尔

C. 一般　　　　　　　　D. 经常

E. 频繁

（3）您家和亲戚朋友之间会经常彼此走动吗？（　　　）

A. 从不　　　　　　　　B. 偶尔

C. 一般　　　　　　　　D. 经常

E. 频繁

77. 联系亲密程度：

（1）您经常与朋友出去吃饭、聚会吗？（　　　）

A. 从不　　　　　　　　B. 偶尔

C. 一般　　　　　　　　D. 经常

E. 频繁

（2）您经常邀请朋友来家里做客吗？（　　　）

A. 从不　　　　　　　　B. 偶尔

C. 一般 D. 经常

E. 频繁

（3）您经常和其他村民一起解决日常问题吗？（ ）

A. 从不 B. 偶尔

C. 一般 D. 经常

E. 频繁

78. 互惠交换：

（1）您家里有事时大家愿意来帮忙吗？（ ）

A. 很不愿意 B. 不愿意

C. 一般 D. 愿意

E. 很愿意

（2）您遇到困难时有很多人想办法帮您解决吗？

A. 很少 B. 比较少

C. 一般 D. 比较多

E. 很多

（3）您经常能从周围朋友身上得到有用信息吗？（ ）

A. 从不 B. 偶尔

C. 一般 D. 经常

E. 频繁

79. 信任程度：

（1）您觉得周围人沟通交流过程中都是真诚信守承诺的吗？（ ）

A. 都不是 B. 大部分不是

C. 一般都是 D. 大部分是

E. 都是

（2）您愿意借东西给周围的人吗？（　　　）

A. 非常不愿意　　　　　　　B. 不愿意

C. 一般　　　　　　　　　　D. 愿意

E. 非常愿意

（3）您对村里发布的政策信息相信吗？（　　　）

A. 非常不相信　　　　　　　B. 不相信

C. 一般　　　　　　　　　　D. 相信

E. 非常相信

80. 农户学习行为：

（1）您经常和别人交流节水灌溉技术使用心得吗？（　　　）

A. 从不　　　　　　　　　　B. 偶尔

C. 一般　　　　　　　　　　D. 经常

E. 频繁

（2）您经常向技术示范户请教节水灌溉问题吗？（　　　）

A. 从不　　　　　　　　　　B. 偶尔

C. 一般　　　　　　　　　　D. 经常

E. 频繁

（3）您会经常去技术示范户的田里参观吗？（　　　）

A. 从不　　　　　　　　　　B. 偶尔

C. 一般　　　　　　　　　　D. 经常

E. 频繁

81. 信息获得与学习能力（1＝完全不同意，2＝不同意，3＝一般，4＝同意，5＝完全同意）：

（1）我家对外联系广，各种消息来源比较多_____；

（2）我可以毫无困难地正确理解电视报纸传播的各种信息_____；

（3）我可以正确分辨出别人话中的真假_____。

82. 您对本村的规章制度是否清楚？（　　　）

A. 很不清楚   B. 不清楚

C. 一般   D. 清楚

E. 很清楚

83. 您认为本村的规章制度运行是否良好？（　　　）

A. 很不好   B. 不好

C. 一般   D. 良好

E. 很好

84. 您认为本村的风气如何？（　　　）

A. 很差   B. 比较差

C. 一般   D. 比较好

E. 很好

85. 本村村民间关系如何？（　　　）

A. 很不融洽   B. 不融洽

C. 一般   D. 比较融洽

E. 很融洽

调查结束，谢谢合作！

图书在版编目（CIP）数据

社会网络嵌入下的农户节水灌溉技术采用／王格玲，
陆迁著． -- 北京：社会科学文献出版社，2017.11
（中国"三农"问题前沿丛书）
ISBN 978 - 7 - 5201 - 1654 - 1

Ⅰ.①社⋯ Ⅱ.①王⋯ ②陆⋯ Ⅲ.①农田灌溉 - 节
约用水 - 研究 - 中国 Ⅳ.①S275

中国版本图书馆 CIP 数据核字（2017）第 260789 号

中国"三农"问题前沿丛书
社会网络嵌入下的农户节水灌溉技术采用

著　　者／王格玲　陆　迁

出 版 人／谢寿光
项目统筹／任晓霞
责任编辑／任晓霞　陈　荣

出　　版／社会科学文献出版社·社会学编辑部（010）59367159
　　　　　地址：北京市北三环中路甲 29 号院华龙大厦　邮编：100029
　　　　　网址：www.ssap.com.cn
发　　行／市场营销中心（010）59367081　59367018
印　　装／三河市尚艺印装有限公司

规　　格／开本：787mm×1092mm　1/16
　　　　　印张：14.25　字数：180 千字
版　　次／2017 年 11 月第 1 版　2017 年 11 月第 1 次印刷
书　　号／ISBN 978 - 7 - 5201 - 1654 - 1
定　　价／69.00 元